U0956161

空间目标信息应用分析

张　兵　王东亚　苑　刚　李朋远　编著

中国宇航出版社

·北京·

版权所有　侵权必究

图书在版编目（CIP）数据
空间目标信息应用分析 / 张兵等编著. -- 北京 : 中国宇航出版社, 2025. 4. -- ISBN 978-7-5159-2545-5
Ⅰ. V1
中国国家版本馆CIP数据核字第20254ZF814号

责任编辑　臧程程　　**封面设计**　王晓武

出　版
发　行　中国宇航出版社
社　址　北京市阜成路 8 号　　**邮　编**　100830
(010)68768548
网　址　www.caphbook.com
经　销　新华书店
发行部　(010)68767386　　(010)68371900
(010)68767382　　(010)88100613(传真)
零售店　读者服务部
(010)68371105
承　印　北京厚诚则铭印刷科技有限公司
版　次　2025 年 4 月第 1 版　　2025 年 4 月第 1 次印刷
规　格　787×1092　　**开　本**　1/32
印　张　5.875　　**字　数**　169 千字
书　号　ISBN 978-7-5159-2545-5
定　价　58.00 元

本书如有印装质量问题，可与发行部联系调换

前　言

截至2024年12月底，美国SpaceX公司星链卫星入轨数量超过7 000颗，美国公开数据公布空间目标数量接近3万个。随着人类航天器发射、空间试验活动逐步增加，空间目标数量逐步增加，空间目标信息应用受到更多关注。空间目标信息应用包含丰富内容，其中，轨道信息、姿态信息、测量数据成为关注重点，形成了丰富的理论技术成果。本书主要围绕空间目标轨道信息、姿态信息开展处理与应用分析，呈现具体处理方法和流程，为空间目标信息应用效果分析提供支持。

本书围绕空间目标信息处理与应用方法，针对轨道信息、姿态信息建立处理流程并开展应用分析。空间目标信息主要涉及时间信息、坐标信息、测角信息、测距信息、轨道信息、引力信息、摄动信息、位置信息、速度信息、姿态角信息、姿态角速度信息、恒星位置信息、天文定位信息等，了解各类信息应用方法，对于空间目标有效观测具有重要支撑作用。本书按照从基础知识到信息应用的思路安排全部内容，主要分为以下三个部分：

1）基础知识，包括空间目标基本概念、典型应用、时间系统、坐标系等，主要阐述时间系统、坐标系的定义，以及各种时间、坐标之间的相互转换方法。时间系统包括世界时、协调世界时、北京时等。坐标系包括太阳系质心坐标系、地心坐标系、站心坐标系、卫星本体坐标系等。

2）信息处理，包括基于观测数据的空间目标初轨计算、轨道确定、姿态确定等方法，主要阐述空间目标轨道与姿态确定、误差分析的实现过程和算例。观测数据包括测距、测角和测速数据等。姿态参数包括俯仰、偏航和滚动欧拉角。

3）信息应用，包括基于观测数据的空间目标天文定位、目标变轨检测等方法，主要阐述恒星信息计算、空间目标位置提取、空间目标变轨判断、变轨参数计算的实现过程与算例。恒星信息包括平赤经、平赤纬、星等、自行参数等。空间目标位置包括赤经、赤纬等。变轨参数包括变轨时间、速度增量等。

本书编写分工如下：张兵主要撰写第 1 章至第 3 章，王东亚主要撰写第 4 章至第 5 章，苑刚主要撰写第 6 章，李朋远主要撰写第 7 章。考虑相关内容之间的联系和差别，在不同章节对相关公式与描述进行了针对性重复阐述，既保持了相关计算方法的完整性，也便于读者查阅与参考。

在此，特别感谢黄剑副研究员，为本书内容安排提供了宝贵建议。

囿于作者的写作水平及精力，本书难免存在疏漏和不妥之处，敬请广大读者批评指正。

作者

2025 年 4 月

目　录

缩略语

J2000	2000 年 1 月 1 日 12 时	J2000 格林尼治时间
ITRS	International Terrestrial Reference System	国际地球参考系
HPOP	High Precision Orbit Prediction	高精度轨道预报
GAIA	Global Astrometric Interferometer for Astrophycics	全球天体物理干涉测量仪
UTC	Coordinated Universal Time	协调世界时
BJT	Bei Jing Time	北京时
UT	Universal Time	世界时
TT	Terrestrial Time	地球时
MJD	Modified Julian Day	简约儒略日

续表

MOD	Mean Of Date	瞬时平赤道坐标系
TOD	True Of Date	瞬时真赤道坐标系
PEF	Pseudo Earth celestial Fix	准地固坐标系
ECF	Earth Celestial Fix	地固坐标系
GC	Geodetic Coordinate system	大地坐标系
NWZ	North West Zenith	北西天坐标系
ENZ	East North Zenith	东北天坐标系
RTN	Radial Track Normal	径切法坐标系
IERS	International Earth Rotation and reference system Service	国际地球自转与参考系统服务组织
ICRS	International Celestial Reference System	国际天球参考系
ITRS	International Terrestrial Reference System	国际地球参考系

第1章 绪 论

自从1957年10月4日人类发射第一颗人造地球卫星以来，空间目标数量逐步增加，空间目标信息应用技术逐渐拓展。本书围绕空间目标轨道处理开展信息应用分析，针对空间目标相关的时空坐标系、初始轨道计算、轨道改进确定、空间目标姿态分析、空间目标天文定位、空间信息应用等内容，介绍轨道处理原理与方法，开展信息处理与流程实现，计算分析空间目标轨道、空间目标姿态误差，为信息应用效果分析提供支持。

空间目标轨道处理有关计算过程较为复杂，具体流程存在不同的实现方式。为了更好地呈现具体、可用的方法和流程，针对每个流程环节的相近原理、不同数据的情况，采用公式重复出现的方式进行论述，以更好地支撑方法和流程查询。为了推广空间目标轨道信息应用、了解空间目标运行状态，下面从基本概念、典型应用两方面进行说明。

1.1 基本概念

空间目标是指运行在距离地球表面100 km以上空间，以轨道方式持续运行的物体，主要分布在距离地球表面高度为 150～42 000 km 之间的空间，环绕地球运行的人造天体、空间碎片。

空间目标探测设备是获取空间目标信息（时间、测距、测速、测角、光度等）的主要工具，包括雷达设备、光电望远镜设备等。光度信息经过归算处理，可转化为标准星等。标准星等即空间目标距离为 1 000 km，且空间目标到太阳方向与空间目标到测站方向之间的夹角为 90°时所测得的空间目标视星等。

目标时间类型包括世界时、协调世界时和北京时等。世界时定义为格林尼治太阳连续两次经过上中天的平均时间间隔。协调世界时以原子时秒长为基准，通过添加闰秒的方式保持其时间尺度接近世界时。北京时比协调世界时多 8 h。

空间目标轨道信息应用涉及初轨计算、轨道确定和轨道预报等。初轨计算是指依据一定时长观测数据，推算某一历元的轨道参数。轨道确定是指利用历元轨道参数，考虑摄动因素，求解观测时刻较为精确的空间目标轨道参数。轨道预报是指利用较为精确的空间目标轨道参数、观测数据，计算其他时刻轨道参数。空间目标轨道参数包括美国北美防空司令部发布的两行空间目标编目轨道根数、开普勒轨道根数以及为了克服偏心率为零或轨道倾角为零相关影响所采用的无奇点根数。

1.2 典型应用

（1）空间目标初轨计算

开展空间目标初轨计算工作，分析空间目标初轨精度，对于观测数据关联、空间目标匹配、目标轨道更新十分有意义。通过利用空间目标测距和测角数据，采用级数法来表示空间目标轨道，进而计算空间目标初轨，可以统计测量误差、数据量对初轨的影响。

（2）空间目标轨道确定

空间目标轨道确定有利于动态掌握空间目标位置信息。利用测量数据，基于最小二乘原理，对轨道根数进行改进并更新空间目标轨道，从而为相关应用提供基本信息支持。空间目标定轨过程包括计算测量数据的理论值，生成测量残差；计算测量矩阵和状态转移矩阵，生成条件方程；利用奇异值分解求解条件方程实现空间目标轨道更新。轨道参数采用第一类无奇点根数，包括空间目标初轨参数、改进量参数。

（3）空间目标姿态分析

空间目标姿态是反映空间目标运行状态是否正常的重要参数。利用空间目标图像，能够有效提取空间目标运行姿态，对于空间目标运行状态评估有重要意义。基于观测投影方法，通过提取图像特征，建立图像特征与空间目标姿态的映射关系，这种方法不受空间目标外观形状影响，是计算空间目标姿态的有效方法。

(4) 空间目标光度仿真

空间目标光度分析有利于评估探测可行性。光度仿真过程，基于广域拍摄相机的指向信息、相机视场和拍摄时间等参数，在星表中搜索被视场覆盖的天区，并提取恒星参数。这些参数经过修正后被转换到探测像平面，计算出目标灰度数据，支撑探测可行性评估。

1.3 内容结构

本书第1章为了推广空间目标轨道信息的应用，增强对空间目标运行状态的了解，介绍了基本概念、典型应用。

第2章介绍空间目标轨道计算中用到的时间系统、坐标系，时间系统包括协调世界时（UTC）、北京时（BJT）、世界时（UT）、地球时（TT）。坐标系包括太阳系质心坐标系、地心坐标系、站心坐标系、卫星本体坐标系。地心坐标系包括地心天球坐标系、瞬时平赤道坐标系、瞬时真赤道坐标系、准地固坐标系、地固坐标系、轨道平面坐标系等。站心坐标系包括北西天坐标系、东北天坐标系等。

第3章利用空间目标测距、测角数据，采用级数法表示空间目标轨道，并采取拉普拉斯初轨计算方法，以及奇异值分解来计算J2000坐标系下的空间目标初轨，统计分析测量误差、数据量对初轨的影响。

第4章利用测量数据，基于最小二乘原理，对轨道根数进行改进并更新空间目标轨道，基于不同时长、频率的观测数据，设置不同测角和测距误差，并选取三次过境观测数据或三个弧段观测数据来进行初轨计算、轨道确定，分析观测数据拟合精度、位置确定精度。

第5章介绍了基于数论法的空间目标姿态计算精度分析方法，采用数论法的好格子点来模拟空间目标姿态计算的输入数据，分析利用空间目标成像平行线提取方式来计算空间目标姿态精度。

第6章利用恒星信息中的平赤经、平赤纬、星等、自行参数等，转换生成了空间目标像平面坐标。同时，利用广域相机指向信息、相机参数、拍摄时间、空间目标位置提取对应时刻的空间目标像平面坐标，支持空间目标的天文定位。

第7章利用已知目标的关联数据来计算目标间的沿迹距离斜率与法向距离幅度，以进行变轨判断。当观测数据与未知目标关联成功时，进行未知目标变轨检测，并从编目库中筛选疑似目标，计算目标间的沿迹距离斜率与法向距离幅度，以进行变轨判断。采用相对距离、平均时间作为综合判据统计变轨参数，计算变轨时间、变轨速度增量，在一定程度上提升变轨参数估计的准确性。

第 2 章　时空系统

2.1　时间系统

2.1.1　时间类型

空间目标轨道处理过程用到的时间系统[1] 主要有世界时（UT）、协调世界时（UTC）、北京时（BJT）和地球时（TT）。

世界时定义为格林尼治太阳连续两次经过上中天的平均时间间隔。目前世界时有三种形式，即 UT_0、UT_1 和 UT_2。银河电波测量确定 UT_0；UT_0 加上地球极移修正为 UT_1；UT_1 加上周期性季节修正得到 UT_2。

协调世界时以国际原子时（TAI）秒长为基准，在时刻上尽量接近世界时。依据 1972 年的国际计量大会决议，当国际原子时与世界时的时刻相差达到 0.9 s 时，协调世界时就增加或减少 1 s。自 1972 年协调世界时正式使用至 2024 年，全球已经实施了 37 s 的正闰秒调整，最近一次的闰秒调整是在格林尼治时间 2016 年 12 月 31 日。从协调世界时正式使用以来，地球自转一直处于不断减慢的趋势，因此迄今为止的闰秒调整都是正闰秒。但相关科研发现，自 2020 年年中以来，地球自转速率呈现加快趋势，这意味着未来可能会出现负闰秒。正闰秒调整时，协调世界时会在第 59 s 后增加第 60 s，即协调世界时的整分钟时长增加 1 s，以适应地球自转减慢的状态。

地球时是在地球上利用原子钟测得的时间，它作为各类运动方程的独立变量，是解算围绕地球运动的空间目标轨道的时间系统。地球时的秒长与国际原子时相等，但两者的时间起点存在差异。

2.1.2　时间转换

北京时采用北京所在时区对应的协调世界时。地球时比国际原子时大 32.184 s。UTC、BJT、TT 和 UT_1 三者间的转换公式为：

$$\mathrm{UTC} = \mathrm{BJT} - 43\,200 \tag{2-1}$$

$$\mathrm{JTT}(t_i) = \mathrm{JUTC}(t_i) + \frac{32.184 + (\mathrm{TAI} - \mathrm{UTC})}{86\,400} \tag{2-2}$$

$$\mathrm{TT} = \mathrm{TAI} + 32.184 \tag{2-3}$$

$$\mathrm{JUT}_1(t_i) = \mathrm{JUTC}(t_i) + \frac{\mathrm{UT}_1 - \mathrm{UTC}}{86\,400} \tag{2-4}$$

式中，JTT、JUTC、JUT_1 为儒略日计时；TAI－UTC 为跳秒数；UT_1－UTC 的预报值可从国际地球自转与参考系统服务组织（IERS）网站中下载，进行对应 UTC 时刻的时间间隔插值。插值公式为：

$$\mathrm{UT_1-UTC}$$
$$=[(\mathrm{MJD}-\mathrm{MJD_1})\mathrm{D_1}+(\mathrm{MJD_2}-\mathrm{MJD})\mathrm{D_2}]/(\mathrm{MJD_2}-\mathrm{MJD_1}) \tag{2-5}$$

式中，$\mathrm{UT_1-UTC}$ 为对应 UTC 时刻的间隔，单位为 s；MJD 为对应 UTC 时刻的简约儒略日；$\mathrm{MJD_1}$、$\mathrm{MJD_2}$ 为所需计算时刻前一行与后一行的简约儒略日；$\mathrm{D_1}$、$\mathrm{D_2}$ 为 MJD 所需计算时刻前一行与后一行的 $\mathrm{UT_1-UTC}$ 值，在 IERS 网站的下载文件中查找所得。图 2-1 为 2009 年 1 月 1 日开始的 $\mathrm{UT_1-UTC}$ 值。由图可见，$\mathrm{UT_1-UTC}$ 值因为闰秒会出现跳变。

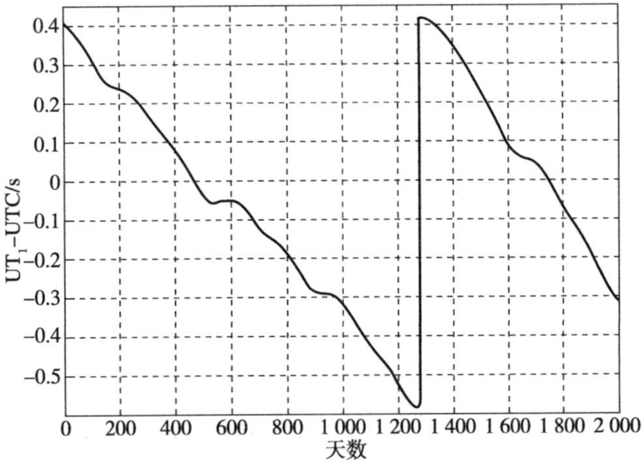

图 2-1　$\mathrm{UT_1-UTC}$ 值的变化（从 2009 年 1 月 1 日开始）

2.1.3　儒略日计算

有关坐标系之间的转换一般会用到基于 UTC、TT、UT_1 的儒略日进行计时。年月日时分秒与儒略日之间的转换包括两个方向：一是由年月日时分秒计算儒略日；二是由儒略日计算年月日时分秒。由年月日时分秒计算儒略日的公式为：

$$\mathrm{JD}=\mathrm{jd}(\mathrm{yr})+\mathrm{days} \tag{2-6}$$

$$\mathrm{jd}(\mathrm{yr})=[365.25\times(\mathrm{yr}-1)]+[30.6001\times 14]+1\,720\,994.5+B \tag{2-7}$$

$$B=2-A+[A/4]\ ,A=[(\mathrm{yr}-1)/100] \tag{2-8}$$

$$\mathrm{MJD}=\mathrm{JD}-2\,400\,000.5 \tag{2-9}$$

式中，yr 表示公元年整数；days 为月日时分秒在该年的年积日；[ ] 表示取整；MJD 为简约儒略日。由儒略日计算年月日时分秒的公式为：

$$a=[\mathrm{JD}+0.5] \tag{2-10}$$

$$b=\begin{cases}0 & a<2\,299\,161\\ [(a-1\,867\,216.25)/36\,524.25] & a\geqslant 2\,299\,161\end{cases} \tag{2-11}$$

$$c=\begin{cases}a+1\,524 & a<2\,299\,161\\ [a+b-(b/4)+1\,525] & a\geqslant 2\,299\,161\end{cases} \tag{2-12}$$

$$d=[(c-122.1)/365.25] \tag{2-13}$$

$$e=[365d+d/4] \tag{2-14}$$

$$f = [(c - e)/30.600\,1] \tag{2-15}$$

$$g = \mathrm{frac}(\mathrm{JD} + 0.5) \times 86\,400 \tag{2-16}$$

$$\begin{cases} \mathrm{dy} = c - e - [30.600\,1f] \\ \mathrm{mo} = f - 1 - 12[f/14] \\ \mathrm{yr} = d - 4\,715 - [(7 + \mathrm{mo})/10] \end{cases} \tag{2-17}$$

$$\begin{cases} \mathrm{hr} = [g/3\,600] \\ \mathrm{mi} = [(g - \mathrm{hr} \times 3\,600)/60] \\ \mathrm{se} = g - \mathrm{hr} \times 3\,600 - \mathrm{mi} \times 60 \end{cases} \tag{2-18}$$

式中，frac 表示取小数；yr、mo、dy、hr、mi、se 为儒略日转换得到的年、月、日、时、分、秒。

2.2 坐标系

2.2.1 坐标系类型

坐标系与坐标原点、坐标轴指向定义有关。按照坐标原点不同，可将坐标系分为太阳系质心坐标系、地心坐标系、站心坐标系、卫星本体坐标系。地心坐标系包括地心天球坐标系、瞬时平赤道坐标系、瞬时真赤道坐标系、准地固坐标系、地固坐标系、轨道平面坐标系等[2]。站心坐标系包括北西天坐标系、东北天坐标系等。

太阳系质心坐标系的原点定义为太阳系质心，正 X 轴指向 J2000 的平春分点，参考平面为 J2000 平赤道面。

地心天球坐标系即 J2000 坐标系，原点定义为地球质心，正 X 轴指向 2000 年 1 月 1 日 12 时（即 2000.0 时刻）

平春分点，参考平面为 2000 年 1 月 1 日 12 时平赤道面。

瞬时平赤道坐标系（MOD）原点定义为地球质心，正 X 轴指向历元时刻瞬时春分点，参考平面为历元时刻平赤道面。

瞬时真赤道坐标系（TOD）原点定义为地球质心，正 X 轴指向历元时刻瞬时春分点，参考平面为历元时刻真赤道面。

准地固坐标系（PEF）原点定义为地球质心，正 X 轴指向赤道上的经度零点，正 Z 轴指向瞬时的北天极，为右手直角坐标系。

地固坐标系（ECF）原点定义为地球质心，正 X 轴指向赤道上的经度零点，正 Z 轴指向协议的平均地极，为右手直角坐标系。这样的地固坐标系也称为地心地固坐标系。

轨道平面坐标系的原点定义为空间目标质心，正 X 轴由地心指向空间目标，正 Y 轴在轨道内垂直于 X 轴指向运动方向，为右手直角坐标系，这种坐标系称为 RTN 坐标系；也有的正 X 轴指向空间目标惯性速度矢量方向，正 Z 轴指向轨道面负法线方向，为右手直角坐标系，这种坐标系称为 UNW 坐标系。

轨道坐标系（POD）较为特殊，是以瞬时真赤道面为基本平面，X 轴方向指向瞬时真春分点以东转赤经总岁差和赤经章动后的方向，为右手直角坐标系。

站心坐标系包括北西天坐标系、东北天坐标系，原点定义为测站中心，以当地水准面为参考面，正 Z 轴垂直于水准面指向天空。北西天坐标系正 X 轴位于水准面内指向当地正北，东北天坐标系正 X 轴位于水准面内指向当地正东，均为右手坐标系。

2.2.2 岁差计算

J2000 平赤道坐标系至瞬时平赤道坐标系（MOD）之间的转换需要计算岁差参数，转换矩阵为 $\boldsymbol{M}_{\text{J2000}\to\text{MOD}}$。依据 2003 年 1 月 1 日启用的 IAU2000 岁差模型[3]，转换矩阵与岁差参数 z_A、θ_A、ζ_A 的计算公式如下：

$$\boldsymbol{M}_{\text{J2000}\to\text{MOD}}=\boldsymbol{R}_z(-z_A)\boldsymbol{R}_y(\theta_A)\boldsymbol{R}_z(-\zeta_A) \tag{2-19}$$

$$\begin{aligned}\zeta_A=&2.650\,545''+2\,306.083\,227''T_u+0.298\,849\,9''T_u^2+\\&0.018\,018\,28''T_u^3-0.000\,005\,971''T_u^4+\\&0.000\,000\,317\,3''T_u^5\end{aligned} \tag{2-20}$$

$$\begin{aligned}\theta_A=&2\,004.191\,903''T_u-0.429\,493\,4''T_u^2-0.041\,822\,64''T_u^3-\\&0.000\,007\,089''T_u^4-0.000\,000\,127\,4''T_u^5\end{aligned} \tag{2-21}$$

$$\begin{aligned}z_A=&2.650\,545''+2\,306.077\,181''T_u+1.092\,734\,8''T_u^2+\\&0.018\,268\,37''T_u^3-0.000\,028\,596''T_u^4-\\&0.000\,000\,290\,4''T_u^5\end{aligned} \tag{2-22}$$

$$T_u=\frac{\text{JD(TT)}-2\,452\,545}{36\,525} \tag{2-23}$$

式中，T_u 为从 2000.0 时刻起算的儒略世纪数。岁差参数 ζ_A、θ_A、z_A 变化如图 2-2～图 2-4 所示。由图可见，岁差参数每天变化不到0.1″，从2000年至2025年年底，各岁差参数变化量不到12′。

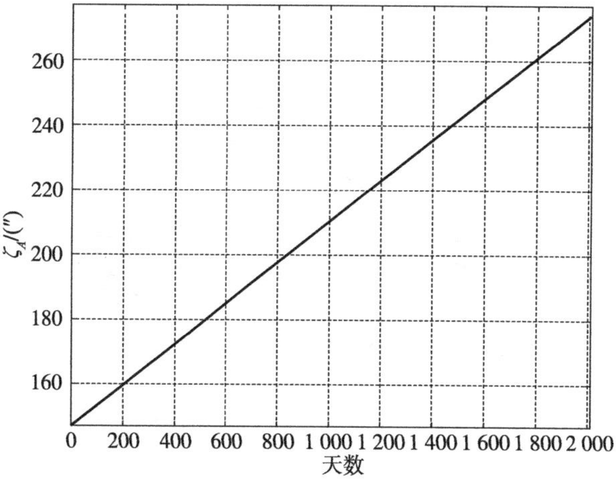

图2-2　岁差ζ_A变化（从2009年1月1日开始）

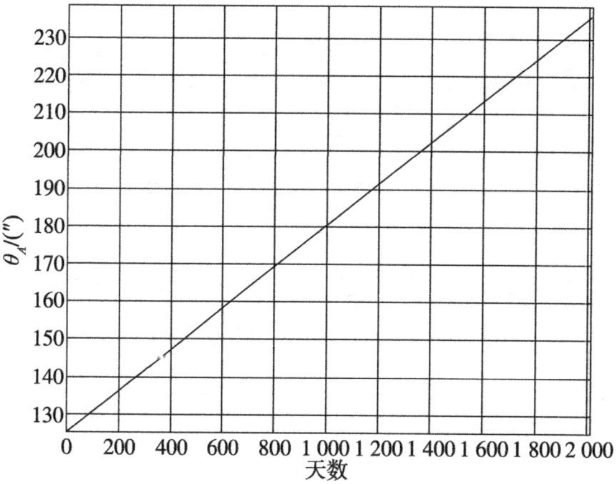

图2-3　岁差θ_A变化（从2009年1月1日开始）

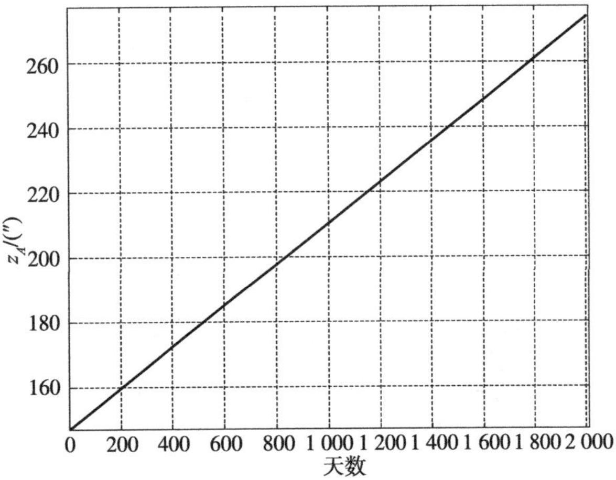

图 2-4 岁差 z_A 变化（从 2009 年 1 月 1 日开始）

2.2.3 章动计算

瞬时平赤道坐标系（MOD）至瞬时真赤道坐标系（TOD）之间的转换需要计算章动参数[4]，转换矩阵为 $\boldsymbol{M}_{\mathrm{MOD \to TOD}}$。

$$\boldsymbol{M}_{\mathrm{MOD \to TOD}} = \boldsymbol{R}_x(-\varepsilon_A - \Delta\varepsilon)\boldsymbol{R}_z(-\Delta\psi)\boldsymbol{R}_x(\varepsilon_A) \tag{2-24}$$

式中，章动参数 ε_A 为平黄赤交角；$\Delta\varepsilon$ 为交角章动；$\Delta\psi$ 为黄经章动。平黄赤交角 ε_A 采用历元平黄赤交角的方法进行拟合：

$$\varepsilon_A = 84\ 381.406'' - 46.836\ 769''T_u - 0.051\ 27''T_u^2 + 0.002\ 003\ 4''T_u^3 - 0.000\ 000\ 576''T_u^4 - 0.000\ 000\ 043\ 4''T_u^5 \tag{2-25}$$

考虑日月章动影响，采取 106 项系数拟合交角章动 $\Delta\varepsilon$ 、黄经章动 $\Delta\psi$ 。章动拟合需先计算各项对应的幅角 α_i ：

$$\alpha_i = \sum_{k=1}^{5} n_{ik} F_k \tag{2-26}$$

式中，F_k 是 5 个与太阳、月亮位置有关的基本幅角，采用儒略世纪数进行拟合；n_{ik} 是整数，见表 2－1。

$$F_1 = 134.963\ 402\ 51^\circ + 1\ 717\ 915\ 923.217\ 8''T_u + 31.879\ 2''T_u^2 + 0.051\ 635''T_u^3 - 0.000\ 244\ 7''T_u^4 \tag{2-27}$$

$$F_2 = 357.529\ 109\ 18^\circ + 129\ 596\ 581.048\ 1''T_u - 0.553\ 2''T_u^2 + 0.000\ 136''T_u^3 - 0.000\ 011\ 49''T_u^4 \tag{2-28}$$

$$F_3 = 93.272\ 090\ 62^\circ + 1\ 739\ 527\ 262.847\ 8''T_u - 12.751\ 2''T_u^2 - 0.001\ 037''T_u^3 + 0.000\ 004\ 17''T_u^4 \tag{2-29}$$

$$F_4 = 297.850\,195\,47^\circ + 1\,602\,961\,601.209''T_u - 6.370\,6''T_u^2 + 0.006\,593''T_u^3 - 0.000\,031\,69''T_u^4 \quad (2-30)$$

$$F_5 = 125.044\,555\,01^\circ - 6\,962\,890.543\,1''T_u + 7.472\,2''T_u^2 + 0.007\,702''T_u^3 - 0.000\,059\,39''T_u^4 \quad (2-31)$$

计算各项对应幅角 α_i 后，采取 106 项系数拟合交角章动 $\Delta\varepsilon$ 、黄经章动 $\Delta\psi$ ，需要借助模型系数 A_i 、A'_i 、B_i 、B'_i ，见表 2－1。拟合公式如下：

$$\Delta\psi = -0.000\,135'' + \sum_{i=1}^{106}(A_i + A'_i T_u)\sin\alpha_i \quad (2-32)$$

$$\Delta\varepsilon = 0.000\,388'' + \sum_{i=1}^{106}(B_i + B'_i T_u)\cos\alpha_i \quad (2-33)$$

表 2－1　IAU2000B 章动序列（106 项）

序号	n_1	n_2	n_3	n_4	n_5	A_i (10 uas)	A'_i (10 uas)	B_i (10 uas)	B'_i (10 uas)
1	0	0	0	0	1	−1 719 960	−1 742	920 250	89
2	0	0	0	0	2	20 620	2	−8 950	5
3	−2	0	2	0	1	460	0	−240	0
4	2	0	−2	0	0	110	0	0	0
5	−2	0	2	0	2	−30	0	10	0

续表

序号	n_1	n_2	n_3	n_4	n_5	A_i (10 uas)	A'_i (10 uas)	B_i (10 uas)	B'_i (10 uas)
6	1	−1	0	−1	0	−30	0	0	0
7	0	−2	2	−2	1	−20	0	10	0
8	2	0	−2	0	1	10	0	0	0
9	0	0	2	−2	2	−131 870	−16	57 360	−31
10	0	1	0	0	0	14 260	−34	540	−1
11	0	1	2	−2	2	−5 170	12	2 240	−6
12	0	−1	2	−2	2	2 170	−5	−950	3
13	0	0	2	−2	1	1 290	1	−700	0
14	2	0	0	−2	0	480	0	10	0
15	0	0	2	−2	0	−220	0	0	0
16	0	2	0	0	0	170	−1	0	0
17	0	1	0	0	1	−150	0	90	0
18	0	2	2	−2	2	−160	1	70	0
19	0	−1	0	0	1	−120	0	60	0
20	−2	0	0	2	1	−60	0	30	0
21	0	−1	2	−2	1	−50	0	30	0
22	2	0	0	−2	1	40	0	−20	0
23	0	1	2	−2	1	40	0	−20	0

续表

序号	n_1	n_2	n_3	n_4	n_5	A_i (10 uas)	A'_i (10 uas)	B_i (10 uas)	B'_i (10 uas)
24	1	0	0	−1	0	−40	0	0	0
25	2	1	0	−2	0	10	0	0	0
26	0	0	−2	2	1	10	0	0	0
27	0	1	−2	2	0	−10	0	0	0
28	0	1	0	0	2	10	0	0	0
29	−1	0	0	1	1	10	0	0	0
30	0	1	2	−2	0	−10	0	0	0
31	0	0	2	0	2	−22 740	−2	9 770	−5
32	1	0	0	0	0	7 120	1	−70	0
33	0	0	2	0	1	−3 860	−4	2 000	0
34	1	0	2	0	2	−3 010	0	1 290	−1
35	1	0	0	−2	0	−1 580	0	−10	0
36	−1	0	2	0	2	1 230	0	−530	0
37	0	0	0	2	0	630	0	−20	0
38	1	0	0	0	1	630	1	−330	0
39	−1	0	0	0	1	−580	−1	320	0
40	−1	0	2	2	2	−590	0	260	0
41	1	0	2	0	1	−510	0	270	0

续表

序号	n_1	n_2	n_3	n_4	n_5	A_i (10 uas)	A'_i (10 uas)	B_i (10 uas)	B'_i (10 uas)
42	0	0	2	2	2	−380	0	160	0
43	2	0	0	0	0	290	0	−10	0
44	1	0	2	−2	2	290	0	−120	0
45	2	0	2	0	2	−310	0	130	0
46	0	0	2	0	0	260	0	−10	0
47	−1	0	2	0	1	210	0	−100	0
48	−1	0	0	2	1	160	0	−80	0
49	1	0	0	−2	1	−130	0	70	0
50	−1	0	2	2	1	−100	0	50	0
51	1	1	0	−2	0	−70	0	0	0
52	0	1	2	0	2	70	0	−30	0
53	0	−1	2	0	2	−70	0	30	0
54	1	0	2	2	2	−80	0	30	0
55	1	0	0	2	0	60	0	0	0
56	2	0	2	−2	2	60	0	−30	0
57	0	0	0	2	1	−60	0	30	0
58	0	0	2	2	1	−70	0	30	0
59	1	0	2	−2	1	60	0	−30	0

续表

序号	n_1	n_2	n_3	n_4	n_5	A_i (10 uas)	A'_i (10 uas)	B_i (10 uas)	B'_i (10 uas)
60	0	0	0	−2	1	−50	0	30	0
61	1	−1	0	0	0	50	0	0	0
62	2	0	2	0	1	−50	0	30	0
63	0	1	0	−2	0	−40	0	0	0
64	1	0	−2	0	0	40	0	0	0
65	0	0	0	1	0	−40	0	0	0
66	1	1	0	0	0	−30	0	0	0
67	1	0	2	0	0	30	0	0	0
68	1	−1	2	0	2	−30	0	10	0
69	−1	−1	2	2	2	−30	0	10	0
70	−2	0	0	0	1	−20	0	10	0
71	3	0	2	0	2	−30	0	10	0
72	0	−1	2	2	2	−30	0	10	0
73	1	1	2	0	2	20	0	−10	0
74	−1	0	2	−2	1	−20	0	10	0
75	2	0	0	0	1	20	0	−10	0
76	1	0	0	0	2	−20	0	10	0
77	3	0	0	0	0	20	0	0	0

续表

序号	n_1	n_2	n_3	n_4	n_5	A_i (10 uas)	A_i' (10 uas)	B_i (10 uas)	B_i' (10 uas)
78	0	0	2	1	2	20	0	−10	0
79	−1	0	0	0	2	10	0	−10	0
80	1	0	0	−4	0	−10	0	0	0
81	−2	0	2	2	2	10	0	−10	0
82	−1	0	2	4	2	−20	0	10	0
83	2	0	0	−4	0	−10	0	0	0
84	1	1	2	−2	2	10	0	−10	0
85	1	0	2	2	1	−10	0	10	0
86	−2	0	2	4	2	−10	0	10	0
87	−1	0	4	0	2	10	0	0	0
88	1	−1	0	−2	0	10	0	0	0
89	2	0	2	−2	1	10	0	−10	0
90	2	0	2	2	2	−10	0	0	0
91	1	0	0	2	1	−10	0	0	0
92	0	0	4	−2	2	10	0	0	0
93	3	0	2	−2	2	10	0	0	0
94	1	0	2	−2	0	−10	0	0	0
95	0	1	2	0	1	10	0	0	0

续表

序号	n_1	n_2	n_3	n_4	n_5	A_i (10 uas)	A'_i (10 uas)	B_i (10 uas)	B'_i (10 uas)
96	−1	−1	0	2	1	10	0	0	0
97	0	0	−2	0	1	−10	0	0	0
98	0	0	2	−1	2	−10	0	0	0
99	0	1	0	2	0	−10	0	0	0
100	1	0	−2	−2	0	−10	0	0	0
101	0	−1	2	0	1	−10	0	0	0
102	1	1	0	−2	1	−10	0	0	0
103	1	0	−2	2	0	−10	0	0	0
104	2	0	0	2	0	10	0	0	0
105	0	0	2	4	2	−10	0	0	0
106	0	1	0	1	0	10	0	0	0

章动参数变化如图 2－5～图 2－7 所示。由图可见，交角章动每天变化不到 0.006″，黄经章动每天变化不到 0.01″。若以 0.01″作为参考标准，那么这种日变化量对于位于 2 000 km 高度的低轨空间目标而言，会产生分米级的位置偏差，而对于位于 36 000 km 高度的高轨空间目标，则会产生米级的位置影响。

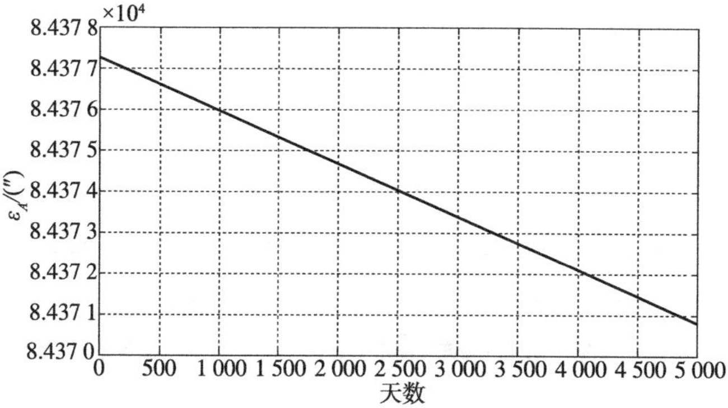

图 2-5　章动 ε_A 变化（从 2009 年 1 月 1 日开始）

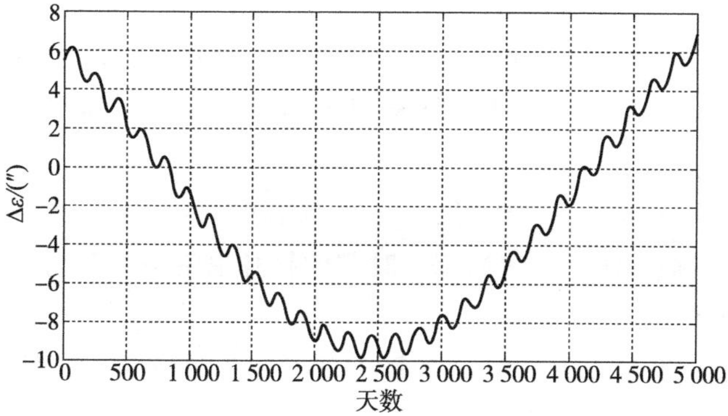

图 2-6　章动 $\Delta\varepsilon$ 变化（从 2009 年 1 月 1 日开始）

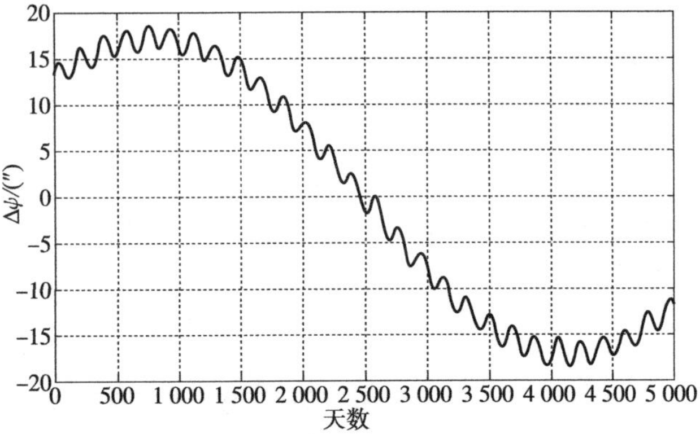

图 2-7　章动 $\Delta\psi$ 变化（从 2009 年 1 月 1 日开始）

2.2.4　恒星时角

瞬时真赤道坐标系（TOD）至准地固坐标系（PEF）之间的转换需要计算格林尼治恒星时角，转换矩阵为 $\boldsymbol{M}_{\mathrm{TOD\to PEF}}$。

$$\boldsymbol{M}_{\mathrm{TOD\to PEF}}=\boldsymbol{R}_z(\mathrm{GAST}) \tag{2-34}$$

简约儒略日（MJD）时刻的格林尼治恒星时角计算公式为：

$$\mathrm{GAST}=99.967\,812\,231^\circ+0.985\,612\,288\,057\,951\,2^\circ(T-51\,544)+360.985\,612\,288\,057\,951\,2^\circ \mathrm{d}t \tag{2-35}$$

式中，T 为 MJD（UT_1）的整数部分；$\mathrm{d}t$ 为 MJD（UT_1）的小数部分。

2.2.5　极移计算

准地固坐标系（PEF）至地固坐标系（ECF）之间的转换需要考虑地球极移，转换矩阵为 $\boldsymbol{M}_{\mathrm{PEF}\to\mathrm{ECF}}$ 。

$$\boldsymbol{M}_{\mathrm{PEF}\to\mathrm{ECF}}=\boldsymbol{R}_z(s_t)\boldsymbol{R}_y(-x_p)\boldsymbol{R}_x(-y_p) \tag{2-36}$$

$$s_t=-(47\times10^{-6})''T_u \tag{2-37}$$

$$x_p=[(\mathrm{MJD}-\mathrm{MJD_1})x_{p2}+(\mathrm{MJD_2}-\mathrm{MJD})x_{p1}]/(\mathrm{MJD_2}-\mathrm{MJD_1}) \tag{2-38}$$

$$y_p=[(\mathrm{MJD}-\mathrm{MJD_1})y_{p2}+(\mathrm{MJD_2}-\mathrm{MJD})y_{p1}]/(\mathrm{MJD_2}-\mathrm{MJD_1}) \tag{2-39}$$

式中，x_p，y_p 为极移参数，其测定值和预报值可从 IERS 网站数据插值得到；MJD 为对应 UTC 时刻的简约儒略日；$\mathrm{MJD_1}$、$\mathrm{MJD_2}$ 为对应 UTC 时刻前一行与后一行的简约儒略日；(x_{p1}，y_{p1})，(x_{p2}，y_{p2}) 为 MJD 对应时刻前一行与后一行的极移参数值；s_t 为地球中间零点定位角，其量级很小。x_p，y_p 变化如图 2－8、图 2－9 所示，由图可见极移参数每天变化不到 0.003″，对于位于 2 000 km 高度的低轨空间目标而言，会产生分米级的位置偏差，而对于位于 36 000 km 高度的高轨空间目标，则会产生近 1 m 的位置影响。

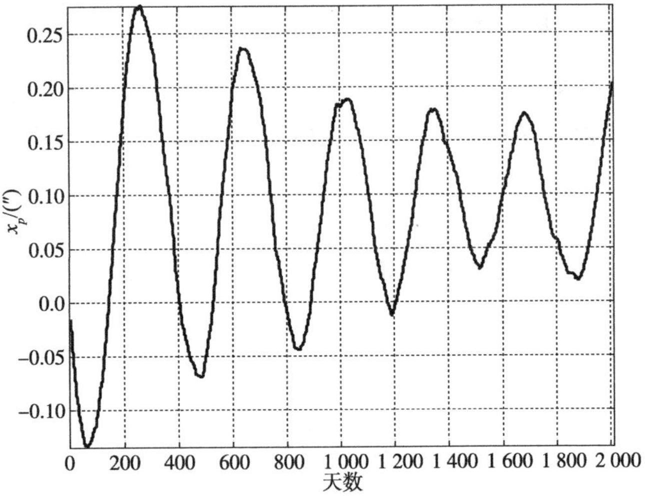

图 2-8　极移 x_p 变化（从 2009 年 1 月 1 日开始）

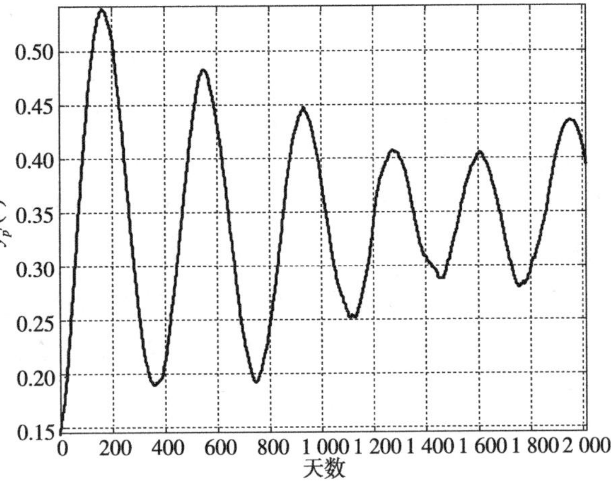

图 2-9　极移 y_p 变化（从 2009 年 1 月 1 日开始）

2.2.6　坐标转换

（1）地心坐标系转换

轨道预报中用到的地心坐标系主要有轨道坐标系（POD）、平赤道坐标系J2000、瞬时平赤道坐标系（MOD）、瞬时真赤道坐标系（TOD）、准地固坐标系（PEF）、地固坐标系（ECF）、大地坐标系（GC）、站心坐标系（NWZ或ENZ）。轨道坐标系较为特殊，是以瞬时真赤道面为基本平面，X 轴方向指向2000.0历元的平春分点。若用 $\boldsymbol{r}$，$\boldsymbol{r}_t$，$\boldsymbol{r}_{J2000}$，$\boldsymbol{r}_{ECF}$，$\boldsymbol{r}_{NWZ}$ 分别表示一个空间目标在轨道坐标系、瞬时真赤道坐标系、平赤道坐标系、地固坐标系、站心坐标系中的位置矢量，则其相互转换公式为：

$$\boldsymbol{r}=\boldsymbol{M}_{TOD\to POD}\boldsymbol{r}_t \tag{2-40}$$

$$\boldsymbol{r}_t=\boldsymbol{M}_{POD\to TOD}\boldsymbol{r} \tag{2-41}$$

$$\boldsymbol{r}=\boldsymbol{M}_{TOD\to POD}\boldsymbol{M}_{MOD\to TOD}\boldsymbol{M}_{J2000\to MOD}\boldsymbol{r}_{J2000} \tag{2-42}$$

$$\boldsymbol{r}_{J2000}=\boldsymbol{M}_{MOD\to J2000}\boldsymbol{M}_{TOD\to MOD}\boldsymbol{M}_{POD\to TOD}\boldsymbol{r} \tag{2-43}$$

$$\boldsymbol{r}=\boldsymbol{M}_{TOD\to POD}\boldsymbol{M}_{PEF\to TOD}\boldsymbol{M}_{ECF\to PEF}\boldsymbol{r}_{ECF} \tag{2-44}$$

$$\boldsymbol{r}_{ECF}=\boldsymbol{M}_{PEF\to ECF}\boldsymbol{M}_{TOD\to PEF}\boldsymbol{M}_{POD\to TOD}\boldsymbol{r} \tag{2-45}$$

$$\boldsymbol{r}_{J2000}=\boldsymbol{M}_{MOD\to J2000}\boldsymbol{M}_{TOD\to MOD}\boldsymbol{M}_{PEF\to TOD}\boldsymbol{M}_{ECF\to PEF}\boldsymbol{r}_{ECF} \tag{2-46}$$

$$\boldsymbol{r}_{ECF}=\boldsymbol{M}_{PEF\to ECF}\boldsymbol{M}_{TOD\to PEF}\boldsymbol{M}_{MOD\to TOD}\boldsymbol{M}_{J2000\to MOD}\boldsymbol{r}_{J2000} \tag{2-47}$$

$$\boldsymbol{M}_{J2000\to ECF}=\boldsymbol{M}_{PEF\to ECF}\boldsymbol{M}_{TOD\to PEF}\boldsymbol{M}_{MOD\to TOD}\boldsymbol{M}_{J2000\to MOD} \tag{2-48}$$

其中，旋转矩阵涉及岁差章动矩阵、极移矩阵、格林尼治恒星时角、地球极移等。岁差参数为 z_A 、θ_A 、ζ_A ，章动参数为 ε_A 、$\Delta\varepsilon$ 、$\Delta\psi$ ，旋转矩阵 $\boldsymbol{M}_{\mathrm{TOD}\to\mathrm{POD}}$ 、赤经总岁差 μ 和赤经章动 $\Delta\mu$ 计算公式为：

$$\begin{cases} \mu = \zeta_A + z_A \\ \Delta\mu = \Delta\psi \cos\varepsilon_A \end{cases} \tag{2-49}$$

$$\boldsymbol{M}_{\mathrm{TOD}\to\mathrm{POD}} = \boldsymbol{R}_z(\mu + \Delta\mu) \tag{2-50}$$

$$\boldsymbol{M}_{\mathrm{POD}\to\mathrm{TOD}} = \boldsymbol{M}^{\mathrm{T}}_{\mathrm{TOD}\to\mathrm{POD}} \tag{2-51}$$

空间目标编目中经常使用美国编目轨道根数［双行轨道根数（TLE）］。该根数采用的坐标系是基于瞬时真赤道和平春分点构建的。用 $\boldsymbol{r}_{\mathrm{TLE}}$ 表示一个空间目标在 TLE 坐标系中的矢量，用 $\boldsymbol{r}$ 表示空间目标在轨道坐标系中的矢量，则转换公式为：

$$\boldsymbol{r} = \boldsymbol{R}_z(\mu)\boldsymbol{r}_{\mathrm{TLE}} \tag{2-52}$$

$$\boldsymbol{r}_{\mathrm{TLE}} = \boldsymbol{R}_z^{\mathrm{T}}(\mu)\boldsymbol{r} \tag{2-53}$$

式中，$\boldsymbol{R}_z^{\mathrm{T}}$ 为旋转矩阵，上标 T 表示矩阵转置，下标 z 表示旋转轴，旋转矩阵公式为：

$$\boldsymbol{R}_x(\theta) = \begin{pmatrix} 1 & 0 & 0 \\ 0 & \cos\theta & \sin\theta \\ 0 & -\sin\theta & \cos\theta \end{pmatrix} \tag{2-54}$$

$$\boldsymbol{R}_y(\theta) = \begin{pmatrix} \cos\theta & 0 & -\sin\theta \\ 0 & 1 & 0 \\ \sin\theta & 0 & \cos\theta \end{pmatrix} \tag{2-55}$$

$$\boldsymbol{R}_z(\theta)=\begin{pmatrix}\cos\theta & \sin\theta & 0\\ -\sin\theta & \cos\theta & 0\\ 0 & 0 & 1\end{pmatrix} \tag{2-56}$$

（2）站心坐标系转换

站心坐标常采用NWZ坐标与ENZ坐标，并结合大地坐标系进行转换，从而得到地固坐标系坐标。站心坐标系转换为地固坐标系的转换矩阵包括 $\boldsymbol{M}_{\mathrm{ENZ}\to\mathrm{ECF}}$ 与 $\boldsymbol{M}_{\mathrm{NWZ}\to\mathrm{ECF}}$。

$$\boldsymbol{r}_{\mathrm{ECF}}=\boldsymbol{M}_{\mathrm{ENZ}\to\mathrm{ECF}}\boldsymbol{r}_{\mathrm{ENZ}} \tag{2-57}$$

$$\boldsymbol{M}_{\mathrm{ECF}\to\mathrm{ENZ}}=\boldsymbol{M}_{\mathrm{ENZ}\to\mathrm{ECF}}^{\mathrm{T}} \tag{2-58}$$

$$\boldsymbol{M}_{\mathrm{ECF}\to\mathrm{ENZ}}=\boldsymbol{R}_x(\pi/2-B)\boldsymbol{R}_z(L+\pi/2) \tag{2-59}$$

$$\boldsymbol{r}_{\mathrm{ECF}}=\boldsymbol{M}_{\mathrm{NWZ}\to\mathrm{ECF}}\boldsymbol{r}_{\mathrm{NWZ}} \tag{2-60}$$

$$\boldsymbol{M}_{\mathrm{NWZ}\to\mathrm{ECF}}=\boldsymbol{R}_z(\pi-L)\boldsymbol{R}_y(\pi/2-B) \tag{2-61}$$

$$\boldsymbol{M}_{\mathrm{ECF}\to\mathrm{NWZ}}=\boldsymbol{M}_{\mathrm{NWZ}\to\mathrm{ECF}}^{\mathrm{T}} \tag{2-62}$$

（3）大地坐标系转换

将大地坐标系坐标（L，B，H）转换为地固坐标系坐标（x，y，z），采用直接计算方法；由地固坐标系坐标转换为大地坐标系坐标，采用迭代计算方法，参数 a 为椭球长半径，参数 b 为椭球短半径。将大地坐标系坐标（L，B，H）转换为地固坐标系坐标（x，y，z）的计算公式如下：

$$\boldsymbol{r}_{\mathrm{ECF}}=(x,y,z)^{\mathrm{T}}=\begin{pmatrix}(N+H)\cos B\cos L\\ (N+H)\cos B\sin L\\ [N(1-e^2)+H]\sin B\end{pmatrix} \tag{2-63}$$

$$e=\sqrt{\frac{a^2-b^2}{a^2}} \tag{2-64}$$

$$N=\frac{a}{\sqrt{1-e^2\sin^2 B}} \tag{2-65}$$

地固坐标系坐标（x，y，z）转换为大地坐标系坐标（L，B，H）的计算公式如下：

$$\begin{cases} L=a\tan(y/x) \\ B=\arctan\left\{\left(\dfrac{z}{\sqrt{x^2+y^2}}\right)/[1-e^2N/(N+H)]\right\} \\ H=\sqrt{x^2+y^2}/\cos B-N \end{cases} \tag{2-66}$$

上式需要开展迭代计算，迭代起步第 1 次计算公式如下：

$$\begin{cases} N_0=a \\ H_0=\sqrt{x^2+y^2+z^2}-\sqrt{ab} \\ B_0=\arctan\left\{\left(\dfrac{z}{\sqrt{x^2+y^2}}\right)/[1-e^2N_0/(N_0+H_0)]\right\} \end{cases} \tag{2-67}$$

迭代收敛条件为 $|B_i-B_{i-1}|<\varepsilon$ 。迭代第 i 次计算公式如下：

$$\begin{cases} N_i=a/\sqrt{1-e^2\sin^2 B_{i-1}} \\ H_i=\sqrt{x^2+y^2}/\cos B_{i-1}-N_i \\ B_i=\arctan\left\{\left(\dfrac{z}{\sqrt{x^2+y^2}}\right)/[1-e^2N_i/(N_i+H_i)]\right\} \end{cases} \tag{2-68}$$

参考文献

[1] 陈磊，韩蕾，白显宗，等．空间目标轨道力学与误差分析[M]．北京：国防工业出版社，2010：15-24.

[2] 王小亚，胡小工，蒋虎，等．导航卫星精密定轨技术[M]．北京：科学出版社，2017：29.

[3] 刘林．航天器轨道理论[M]．北京：国防工业出版社，2000：18.

[4] 刘林，汤靖师．卫星轨道理论与应用[M]．北京：电子工业出版社，2015：18.

第 3 章　空间目标初轨分析

3.1　基于测角测距分析

开展空间目标初轨计算，分析空间目标初轨精度，对于数据关联、空间目标匹配、轨道更新十分有意义。本章利用空间目标测距、测角数据，采用级数法表示空间目标轨道，采取拉普拉斯初轨计算方法[1]、奇异值分解方法来计算 J2000 坐标系下的空间目标初轨，统计分析测量误差、数据量对初轨的影响。

3.1.1　构建测量方程

空间目标不同时刻的观测量包括时间、方位角、俯仰角、距离，以及对应的测角误差 σ_A、σ_E ，测距误差 σ_ρ ，部分信息表示如下：

$$t_i, A_i, E_i, \rho_i (i = 1, 2, \cdots, N) \tag{3-1}$$

空间目标初始时刻 t_1 时的位置、速度分别为 $\boldsymbol{r}_0$、$\dot{\boldsymbol{r}}_0$，对应的拉普拉斯初轨计算基本方程[2] 为：

$$\rho_i \boldsymbol{l}_i + \boldsymbol{R}_i = f\boldsymbol{r}_1 + g\dot{\boldsymbol{r}}_1 = \boldsymbol{r}(t) \tag{3-2}$$

$$\boldsymbol{l}_i = \boldsymbol{M}_{\text{NWZ}\to\text{J2000}} \times \begin{pmatrix} \cos(E_i)\cos(A_i) \\ -\cos(E_i)\sin(A_i) \\ \sin(E_i) \end{pmatrix} = \begin{pmatrix} l_{1i} \\ l_{2i} \\ l_{3i} \end{pmatrix} \tag{3-3}$$

式中，$\boldsymbol{l}_i$ 为观测向量；$\boldsymbol{R}_i$ 为观测平台 J2000 坐标系位置向量；f，g 为二体问题的级数系数；$\boldsymbol{M}_{\text{NWZ}\to\text{J2000}}$ 为空间目标观测坐标向 J2000 坐标系坐标转换矩阵。构建两个矢量 $\boldsymbol{A}_i$，$\boldsymbol{h}_i$ 为：

$$\boldsymbol{A}_i = \frac{\boldsymbol{l}_i \times \boldsymbol{R}_i}{|\boldsymbol{l}_i \times \boldsymbol{R}_i|} = (a_{1i}, a_{2i}, a_{3i})^{\mathrm{T}} \tag{3-4}$$

$$\boldsymbol{h}_i = \boldsymbol{A}_i \times \boldsymbol{l}_i = (h_{1i}, h_{2i}, h_{3i})^{\mathrm{T}} \tag{3-5}$$

将两个矢量 $\boldsymbol{A}_i$，$\boldsymbol{h}_i$ 与初轨计算基本方程点乘构建测量方程，点乘出如下三个结果构成观测矢量，以支持利用最小二乘法求解出空间目标初轨：

$$\boldsymbol{A}_i \cdot \boldsymbol{r}(t) = \boldsymbol{0} \tag{3-6}$$

$$\boldsymbol{h}_i \cdot \boldsymbol{r}(t) = \boldsymbol{h}_i \cdot \boldsymbol{R}_i \tag{3-7}$$

$$\boldsymbol{l}_i \cdot \boldsymbol{r}(t) = \boldsymbol{l}_i \cdot \boldsymbol{R}_i + \rho_i \tag{3-8}$$

式中，· 表示矢量点乘。

3.1.2 处理观测资料

对空间目标进行探测，获取空间目标角度、距离等数据资料，采用幂级数表示空间目标轨道，利用奇异值分解方法求解空间目标状态矢量，确定空间目标初始轨道。若有正整数 N 个观测点，时间归一化为：

$$\tau_i = (\mathrm{JTT}_i - \mathrm{JTT}_1) \times \mathrm{Td}/\mathrm{Tr} \quad i = 1,\cdots,N \tag{3-9}$$

$$\mathrm{Tr} = \sqrt{R_0^3/GM_E} \tag{3-10}$$

式中，JTT_i 为观测时刻地球动力学时儒略日；JTT_1 为初始观测时刻地球动力学时儒略日；Td 为 86 400 s；R_0 为地球半径（JGM－3 模型取为 6 378 136.3 m）；GM_E 为地球引力常数，单位为 $\mathrm{m}^3/\mathrm{s}^2$。

空间目标角度、距离观测值为（E_i，A_i，ρ_i），设 $\boldsymbol{R}_i$ 为观测平台地球惯性系（J2000）位置坐标，构建观测量矢量 $\boldsymbol{B}$ 如下[2]：

$$\boldsymbol{B}_i = \left(0.0,\frac{\boldsymbol{h}_i \cdot \boldsymbol{R}_i}{R_0},\frac{\boldsymbol{l}_i \cdot \boldsymbol{R}_i + \rho_i}{R_0}\right)^{\mathrm{T}} \quad i = 1,\cdots,N \tag{3-11}$$

$$\boldsymbol{B} = (\boldsymbol{B}_1 \quad \cdots \quad \boldsymbol{B}_N)^{\mathrm{T}} \tag{3-12}$$

3.1.3　状态转移矩阵

状态转移矩阵的描述考虑了地球扁率（J_2）摄动影响，采用计算单位无量纲化，相应的地心引力常数空间目标相对地心的运动方程为：

$$\begin{cases} \ddot{\boldsymbol{r}} = -\dfrac{1}{r^3}\boldsymbol{r} + \left(\dfrac{3J_2}{2}\right)\left[\left(\dfrac{5z^2}{r^7} - \dfrac{1}{r^5}\right)\boldsymbol{r} - \dfrac{2z}{r^5}\boldsymbol{K}\right] \\ \boldsymbol{r} = (x,y,z)^{\mathrm{T}}, r = \sqrt{x^2+y^2+z^2} \\ \dot{\boldsymbol{r}} = (\dot{x},\dot{y},\dot{z})^{\mathrm{T}}, \boldsymbol{K} = (0,0,1)^{\mathrm{T}} \\ t_0 : \boldsymbol{r}_0 = \boldsymbol{r}(t_0), \dot{\boldsymbol{r}}_0 = \dot{\boldsymbol{r}}(t_0) \end{cases} \tag{3-13}$$

将 $\boldsymbol{r}(t)$ 采用时间间隔 τ_i 展开为幂级数：

$$\boldsymbol{r}(t)=\boldsymbol{r}_0+\dot{\boldsymbol{r}}_0\tau_i+\frac{1}{2}\ddot{\boldsymbol{r}}_0\tau_i^2+\frac{1}{6}\boldsymbol{r}_0^{(3)}\tau_i^3+\cdots \tag{3-14}$$

式中，$\boldsymbol{r}_0^{(3)}$ 需要对 $\ddot{\boldsymbol{r}}_0$ 进行求导，更高阶的导数可以通过计算机推导微分的途径进行计算：

$$\boldsymbol{r}_0^{(3)}=\frac{3}{r^4}\dot{r}\boldsymbol{r}-\frac{1}{r^3}\dot{\boldsymbol{r}}+\left(\frac{3J_2}{2}\right)\left[-\frac{35z^2}{r^8}\dot{r}\boldsymbol{r}+\frac{5z^2}{r^7}\dot{\boldsymbol{r}}+\frac{10z\dot{z}}{r^7}\boldsymbol{r}+\frac{5}{r^6}\dot{r}\boldsymbol{r}-\frac{1}{r^5}\dot{\boldsymbol{r}}+\frac{10z}{r^6}\dot{r}\boldsymbol{K}-\frac{2\dot{z}}{r^5}\boldsymbol{K}\right] \tag{3-15}$$

$$\dot{r}=(x_i,y_i,z_i)\cdot(\dot{x}_i,\dot{y}_i,\dot{z}_i)/r \tag{3-16}$$

将空间目标相对地心的运动方程代入幂级数，得到含 J_2 摄动影响的运动方程 $\boldsymbol{r}(t)$ 的分量公式如下：

$$\begin{cases}x_i=f_ix_0+g_i\dot{x}_0\\ y_i=f_iy_0+g_i\dot{y}_0\\ z_i=f_{zi}z_0+g_{zi}\dot{z}_0\end{cases} \tag{3-17}$$

式中，f_i，g_i，f_{zi}，g_{zi} 计算公式[3] 如下：

$$f_i=1+0.5\tau_i^2[-u_3+1.5J_2(5u_7z_i^2-u_5)]+\tau_i^3[3u_5\sigma_t+1.5J_2\sigma_t(5u_7-35u_9z_i^2)+15J_2u_7z_i\dot{z}_i]/6 \tag{3-18}$$

$$g_i=\tau_i+\tau_i^3[-u_3+1.5J_2(5u_7z_i^2-u_5)]/6 \tag{3-19}$$

$$f_{zi}-f_i+1.5J_2(-\tau_i^2u_5+5\tau_i^3u_7\sigma_t/3) \tag{3-20}$$

$$g_{zi}=g_i-0.5J_2\tau_i^3u_5+2.5J_2u_7z_i^2 \tag{3-21}$$

式中，u_n，σ_t 计算公式如下：

$$u_n=1/r_t^n,r_t=\sqrt{x_i^2+y_i^2+z_i^2} \tag{3-22}$$

$$\sigma_t=(x_i,y_i,z_i)\cdot(\dot{x}_i,\dot{y}_i,\dot{z}_i) \tag{3-23}$$

利用含 J_2 摄动影响的运动方程 $\boldsymbol{r}(t)$ 的分量公式，以及利用最小二乘法的空间目标初轨方程，得到矩阵形式表示如下：

$$\boldsymbol{M}_i(x_i,y_i,z_i,\dot{x}_i,\dot{y}_i,\dot{z}_i)^{\mathrm{T}}=\left(0.0,\frac{\boldsymbol{h}_i\cdot\boldsymbol{R}_i}{R_0},\frac{\boldsymbol{l}_i\cdot\boldsymbol{R}_i+\rho_i}{R_0}\right)^{\mathrm{T}} \tag{3-24}$$

式中，状态转移矩阵 $\boldsymbol{M}_i$ 为利用 $\boldsymbol{l}_i$，$\boldsymbol{A}_i$，$\boldsymbol{h}_i$ 计算的系数矩阵：

$$\boldsymbol{M}_i=\begin{pmatrix} a_{1i}f_i & a_{2i}f_i & a_{3i}f_{zi} & a_{1i}g_i & a_{2i}g_i & a_{3i}g_{zi} \\ h_{1i}f_i & h_{2i}f_i & h_{3i}f_{zi} & h_{1i}g_i & h_{2i}g_i & h_{3i}g_{zi} \\ l_{1i}f_i & l_{2i}f_i & l_{3i}f_{zi} & l_{1i}g_i & l_{2i}g_i & l_{3i}g_{zi} \end{pmatrix} \tag{3-25}$$

$$\begin{pmatrix} \boldsymbol{M}_i(x_1,y_1,z_1,\dot{x}_1,\dot{y}_1,\dot{z}_1)^{\mathrm{T}} \\ \cdots \\ \boldsymbol{M}_N(x_N,y_N,z_N,\dot{x}_N,\dot{y}_N,\dot{z}_N)^{\mathrm{T}} \end{pmatrix}=\boldsymbol{B} \tag{3-26}$$

3.1.4　迭代计算初轨

（1）幂级数初始值

采用幂级数表示空间目标轨道，r_0 为初始观测时刻的空间目标地心距离，R_0 为地球半径（JGM - 3 模型取为 6 378 136.3 m），幂级数的初始值为[3]：

$$f_{0i}=1.0-\frac{\tau_i^2R_0^3}{2r_0^3}\quad i=1,2,\cdots,N \tag{3-27}$$

$$g_{0i}=\tau_i-\frac{\tau_i^3R_0^3}{6r_0^3}\quad i=1,2,\cdots,N \tag{3-28}$$

$$f_{z0i}=f_{0i},g_{z0i}=g_{0i}\quad i=1,2,\cdots,N \tag{3-29}$$

（2）奇异值分解

对状态转移矩阵 $\boldsymbol{M}_A$ 进行奇异值分解，得到奇异值矩阵 $\boldsymbol{S}$ 、特征向量矩阵 $\boldsymbol{V}$ ，随后，利用广义逆矩阵的方法计算空间目标位置、速度矢量：

$$\boldsymbol{X}=(x_0,y_0,z_0,\dot{x}_0,\dot{y}_0,\dot{z}_0)^{\mathrm{T}} \tag{3-30}$$

$$\boldsymbol{X}=\boldsymbol{V}\boldsymbol{S}^{-1}\boldsymbol{U}^{\mathrm{T}}\boldsymbol{B} \tag{3-31}$$

式中，状态转移矩阵 $\boldsymbol{M}_A$ 未满秩时，对 $\boldsymbol{U}^{\mathrm{T}}\boldsymbol{B}$ 只取前 6 个矢量元素进行运算；下标 0 表示对应时刻为初始时刻。空间目标在 J2000 坐标系的初始位置、速度计算值为：

$$\boldsymbol{r}_0=R_0(x_0,y_0,z_0)^{\mathrm{T}} \tag{3-32}$$

$$\boldsymbol{v}_0=V_0(\dot{x}_0,\dot{y}_0,\dot{z}_0)^{\mathrm{T}} \tag{3-33}$$

式中，R_0 为地球半径（JGM－3 模型取为 6 378 136.3 m）；V_0 为第一宇宙速度，单位为 m/s。

$$V_0=\sqrt{GM_E/R_0} \tag{3-34}$$

利用空间目标在 J2000 坐标系的初始位置速度，计算空间目标的初始开普勒轨道 E_{kpl} ，轨道半长轴为：

$$a=(2/r-v^2/\mu)^{-1} \tag{3-35}$$

$$r=|\boldsymbol{r}_0| \tag{3-36}$$

$$v=|\boldsymbol{v}_0| \tag{3-37}$$

式中，r 为空间目标位置 $\boldsymbol{r}_0$ 矢量的模；v 为空间目标速度 $\boldsymbol{v}_0$ 矢量的模；μ 为地球引力常数。轨道偏心率为：

$$e = \sqrt{1 - \frac{h^2}{\mu a}} \tag{3-38}$$

$$h = |\boldsymbol{h}| \tag{3-39}$$

$$\boldsymbol{h} = \boldsymbol{r}_0 \times \boldsymbol{v}_0 \tag{3-40}$$

式中，h 为面积速度矢量的模；$\boldsymbol{h}$ 为面积速度矢量。轨道平近点角为：

$$M = E - e\sin E \tag{3-41}$$

$$e\sin E = \frac{\boldsymbol{r}_0 \cdot \boldsymbol{v}_0}{\sqrt{\mu a}} \tag{3-42}$$

$$e\cos E = 1 - \frac{r}{a} \tag{3-43}$$

$$E = \arctan\left(\frac{e\sin E}{e\cos E}\right) \tag{3-44}$$

式中，E 为轨道偏近点角；a 为轨道半长轴。

轨道倾角为：

$$i = \arctan\left(\frac{\sqrt{W_x^2 + W_y^2}}{W_z}\right) \tag{3-45}$$

$$(W_x \quad W_y \quad W_z)^{\mathrm{T}} = \frac{\boldsymbol{h}}{h} \tag{3-46}$$

式中，W_x、W_y、W_z 为单位面积速度矢量分量。轨道升交点赤经为：

$$\Omega = \arctan\left(\frac{W_x}{-W_y}\right) \tag{3-47}$$

通过两个矢量 $\boldsymbol{P}$ 、$\boldsymbol{Q}$ ，利用其分量求取近地点弧角：

$$\omega = \arctan\left(\frac{P_z}{Q_z}\right) \tag{3-48}$$

$$\boldsymbol{P} = \frac{\cos E}{r_0}\boldsymbol{r}_0 - \sqrt{\frac{a}{\mu}}\sin E\dot{\boldsymbol{r}}_0 \tag{3-49}$$

$$\boldsymbol{P} = (P_x, P_y, P_z)^{\mathrm{T}} \tag{3-50}$$

$$\boldsymbol{Q} = \frac{1}{\sqrt{1-e^2}}\left[\frac{\sin E}{r_0}\boldsymbol{r}_0 + \sqrt{\frac{a}{\mu}}(\cos E - e)\dot{\boldsymbol{r}}_0\right] \tag{3-51}$$

$$\boldsymbol{Q} = (Q_x, Q_y, Q_z)^{\mathrm{T}} \tag{3-52}$$

（3）幂级数迭代

采用幂级数对比方式控制迭代次数。给定小量 $\varepsilon \geqslant 0$，当幂级数变化较小时结束迭代。

$$d = \sum_{i}^{N}[(f_{0i} - f_i)^2 + (f_{z0i} - f_{zi})^2 + (g_{0i} - g_i)^2 + (g_{z0i} - g_{zi})^2] \tag{3-53}$$

$$d \leqslant \varepsilon \tag{3-54}$$

3.1.5　计算初轨精度

（1）初轨拟合误差

利用空间目标在 J2000 坐标系的位置，计算空间目标在不同观测时刻的轨道位置拟合值[4]：

$$\boldsymbol{r}_i = (x_i, y_i, z_i)^{\mathrm{T}} \quad i = 1, \cdots, N \tag{3-55}$$

$$\begin{cases} x_i = f_i x_0 + g_i \dot{x}_0 \\ y_i = f_i y_0 + g_i \dot{y}_0 \\ z_i = f_{zi} z_0 + g_{zi} \dot{z}_0 \end{cases} \tag{3-56}$$

$$\boldsymbol{r}_{\mathrm{ECF}i} = \boldsymbol{M}_{\mathrm{J2000 \to ECF}} \boldsymbol{r}_i \tag{3-57}$$

$$\boldsymbol{r}_{\mathrm{ENZ}i} = \boldsymbol{M}_{\mathrm{ECF \to ENZ}} (\boldsymbol{r}_{\mathrm{ECF}i} - \boldsymbol{R}_{\mathrm{ECF}}) = (r_{cxi}, r_{cyi}, r_{czi})^{\mathrm{T}} \tag{3-58}$$

式中，f_i 、g_i 、f_{zi} 、g_{zi} 为幂级数系数；$\boldsymbol{r}_i$ 为空间目标在 J2000 坐标系的位置；$\boldsymbol{r}_{\mathrm{ECF}i}$ 为空间目标在 ECF 坐标系的位置；$\boldsymbol{r}_{\mathrm{ENZ}i}$ 为空间目标在 ENZ 坐标系的位置；$\boldsymbol{R}_{\mathrm{ECF}}$ 为测站位置在地固坐标系的坐标；$\boldsymbol{M}_{\mathrm{J2000 \to ECF}}$ 、$\boldsymbol{M}_{\mathrm{ECF \to ENZ}}$ 为 J2000 坐标系向 ECF 坐标系、ECF 坐标系向 ENZ 坐标系的转换矩阵。计算空间目标的观测距离如下：

$$\rho_{ci} = |\boldsymbol{r}_{\mathrm{ENZ}i}| \tag{3-59}$$

分四种情况计算空间目标的观测方位如下：

$$A_{ci} = 2\pi - \arcsin\left(\frac{|r_{cyi}|}{\sqrt{r_{cxi}^2 + r_{cyi}^2}}\right) \quad r_{cyi} \geqslant 0, r_{cxi} \geqslant 0 \tag{3-60}$$

$$A_{ci} = \pi + \arcsin\left(\frac{|r_{cyi}|}{\sqrt{r_{cxi}^2 + r_{cyi}^2}}\right) \quad r_{cyi} \geqslant 0, r_{cxi} < 0 \tag{3-61}$$

$$A_{ci} = \arcsin\left(\frac{|r_{cyi}|}{\sqrt{r_{cxi}^2 + r_{cyi}^2}}\right) \quad r_{cyi} < 0, r_{cxi} \geqslant 0 \tag{3-62}$$

$$A_{ci} = \pi - \arcsin\left(\frac{|r_{cyi}|}{\sqrt{r_{cxi}^2 + r_{cyi}^2}}\right) \quad r_{cyi} < 0, r_{cxi} < 0 \tag{3-63}$$

计算空间目标的观测俯仰角如下：

$$E_{ci}=\arcsin\left(\frac{r_{czi}}{\rho_{ci}}\right) \tag{3-64}$$

为了评估观测数据各个分量拟合效果，利用 A_{ci}，E_{ci}，ρ_{ci} 统计观测数据的拟合误差，求取以 A_i，E_i，ρ_i 的残差作为观测数据的拟合误差，并统计其误差分布情况：

$$\Delta\rho_i=\rho_i-\rho_{ci} \tag{3-65}$$

$$\Delta A_i=A_i-A_{ci} \tag{3-66}$$

$$\Delta E_i=E_i-E_{ci} \tag{3-67}$$

（2）初轨计算精度

由初始轨道计算空间目标位置有两种方法。一种方法是采用幂级数拟合的方法，含 J_2 摄动影响的运动方程 $\boldsymbol{r}(t)$ 的分量公式如下，拟合得到空间目标位置数据：

$$\begin{cases}x_i=f_i x_0+g_i\dot{x}_0\\ y_i=f_i y_0+g_i\dot{y}_0\\ z_i=f_{zi}z_0+g_{zi}\dot{z}_0\end{cases} \tag{3-68}$$

为了评估观测时段空间目标位置拟合效果，利用 $\boldsymbol{r}_i$ 与空间目标理论位置或精密定轨位置统计误差，并统计其误差分布情况：

$$\Delta\boldsymbol{r}_i=\boldsymbol{r}_i-\boldsymbol{r}_{Ti}\quad i=1,\cdots,N \tag{3-69}$$

其中，$\boldsymbol{r}_{Ti}$ 为观测时段空间目标理论位置或精密定轨位置，在数值仿真分析时，可采用 HPOP 模型计算不同空间目标位置并将其作为标准，开展观测时段空间目标位置拟合误差统计。

由初始轨道计算空间目标位置的另一种方法是采用

轨道预报的方法，利用空间目标平均轨道计算空间目标的瞬时轨道[4]，再由空间目标的瞬时轨道计算对应时刻的轨道坐标系的空间目标瞬时位置 $\boldsymbol{r}_{ti}$ 、速度 $\dot{\boldsymbol{r}}_{ti}$ ，具体公式参见 4.3 节。

3.2 实现结果

本节将空间目标分为低轨、中轨、高轨三个高度层次，利用 HPOP 模型计算不同偏心率空间目标在 1 min、5 min 不同时长下，以 10 Hz 频率获取的观测数据，设置不同测角、测距误差，进行初轨确定，计算观测数据拟合残差、初轨位置误差。典型空间目标数据拟合残差与初轨位置误差仿真计算结果见表 3－1。

3.2.1 低轨空间目标

计算轨道高度约 500 km 的空间目标的 1 min、5 min 不同时长下，以 10 Hz 频率获取的观测数据，不设置误差，或叠加 0.1°测角标准差、100 m 测距标准差，进行初轨计算，计算观测数据拟合误差、初轨位置误差（J2000 坐标系）。由图 3－1～图 3－8 可见，在观测数据不考虑误差的情况下，1 min 观测数据的计算结果优于 5 min 观测数据的计算结果，说明低轨空间目标长期摄动，对初轨确定存在米级的误差影响；在观测数据考虑误差的情况下，且标准差为 0.1°测角、100 m 测距时，对初轨确定存在千米级的误差影响。

表 3-1　空间目标数据拟合残差与初轨位置误差

序号	空间目标类型	AER 误差/(°,°,m)	时长/s	拟合残差/(″,″,m)	位置误差/(m,m,m)
1	低轨空间目标	0,0,0	60	0.004,0.605,2.019	12.115,53.828,4.272
2		0.02,0.02,20	60	162.113,142.428,75.017	88.174,97.403,344.710
3		0.04,0.04,40	60	519.420,360.247,93.733	520.133,294.144,204.959
4		0.06,0.06,60	60	480.146,691.800,215.082	427.706,262.870,729.028
5		0.08,0.08,80	60	731.321,713.811,205.882	491.537,173.921,675.271
6		0.1,0.1,100	60	652.269,858.385,237.353	1 130.685,828.104,1 501.716
7		0,0,0	300	35.546,227.380,1 622.657	1 111.789,677.793,1 215.819
8		0.02,0.02,20	300	214.404,323.552,1 589.668	1 094.568,637.360,1 184.626
9		0.04,0.04,40	300	493.965,474.915,1 602.962	1 270.860,733.039,1 170.512
10		0.06,0.06,60	300	658.645,936.996,1 567.206	1 042.550,504.493,1 147.292
11		0.08,0.08,80	300	910.530,989.530,1 540.582	1 235.743,650.799,1 162.961
12		0.1,0.1,100	300	1 204.749,1 136.480,1 912.018	1 390.824,667.910,1 269.420

续表

序号	空间目标类型	AER 误差/(°,°,m)	时长/s	拟合残差/(″,″,m)	位置误差/(m,m,m)
13	中轨空间目标	0,0,0	60	0.004,0.200,3.964	11.981,111.075,30.392
14		0.02,0.02,20	60	198.644,158.164,37.334	383.482,122.328,516.974
15		0.04,0.04,40	60	329.085,525.164, 109.745	1 149.715,696.181,965.895
16		0.06,0.06,60	60	638.398,725.329,154.244	2 296.600,781.228,188.266
17		0.08,0.08,80	60	732.005,729.694,157.258	1 479.810,528.276,523.750
18		0.1,0.1,100	60	1 136.509,764.058,243.385	3 340.358,939.732,2 644.492
19		0,0,0	300	1.011,46.366,929.022	880.764,179.925,841.301
20		0.02,0.02,20	300	224.268,249.515,882.443	902.253,226.228,633.740
21		0.04,0.04,40	300	398.177,438.282,969.176	968.314,292.567,832.686
22		0.06,0.06,60	300	685.418,629.915,1 108.585	576.987,337.671,1 090.863
23		0.08,0.08,80	300	697.518,1 040.970,1 007.410	785.420,532.269,993.441
24		0.1,0.1,100	300	1 194.127,1 199.363,1 036.337	868.090,652.643,1 485.815

续表

序号	空间目标类型	AER 误差/(°,°,m)	时长/s	拟合残差/(″,″,m)	位置误差/(m,m,m)
25	高轨空间目标	0,0,0	60	0.002,0.002,0.004	189.196,362.253,0.749
26		0.02,0.02,20	60	154.901,188.248,57.469	2 797.218,4 031.975,6 425.937
27		0.04,0.04,40	60	366.292,357.714,114.639	2 125.148,4 764.920,6 601.840
28		0.06,0.06,60	60	506.317,832.580,152.911	2 473.748,2 733.425,6 543.554
29		0.08,0.08,80	60	639.007,924.764,350.892	2 411.297,7 825.211,20 890.038
30		0.1,0.1,100	60	1 302.502,900.447,353.620	14 154.831,22 028.462,12 113.621
31		0,0,0	300	0.002,0.002,0.462	188.943,365.749,0.742
32		0.02,0.02,20	300	239.097,245.034,73.466	1 344.715,2 010.549,2 167.166
33		0.04,0.04,40	300	415.579,444.839,132.047	2 025.508,3 058.024,4 410.697
34		0.06,0.06,60	300	739.614,538.195,247.210	5 609.864,9 690.969,4 956.486
35		0.08,0.08,80	300	903.042,873.212,364.394	1 740.051,3 180.435,1 558.895
36		0.1,0.1,100	300	1 069.135,1 253.579,379.368	2 448.782,4 633.795,1 631.401

注：1. 测站仿真位置(E110°,N40°,H0m)。
2. 空间目标开普勒根数对应为(a,e,i,Ω,ω,M)。
3. 低轨空间目标开普勒根数(6 878.1 km,0.05,45°,100°,0°,50°)。
4. 中轨空间目标开普勒根数(8 878.1 km,0.05,45°,100°,0°,50°)。
5. 高轨空间目标开普勒根数(42 216 km,0.05,0.1°,100°,0°,50°)。

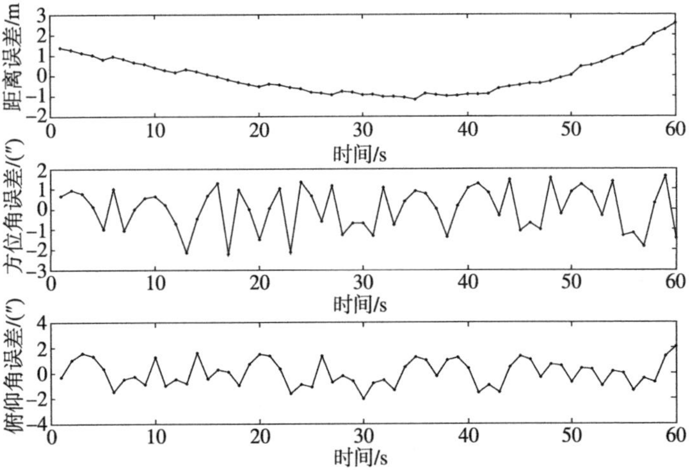

图 3-1　1 min 无误差数据低轨初轨拟合误差

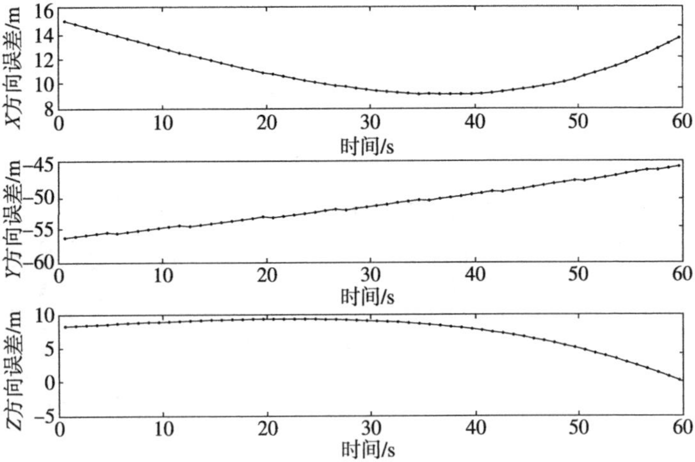

图 3-2　1 min 无误差数据低轨初轨位置误差

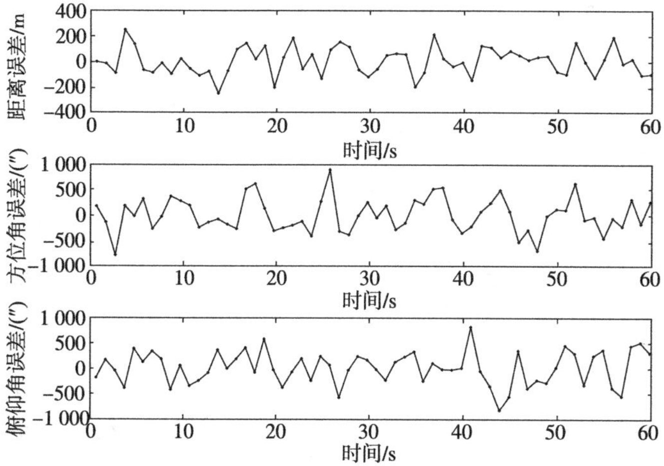

图 3 - 3　1 min 有误差数据低轨初轨拟合误差

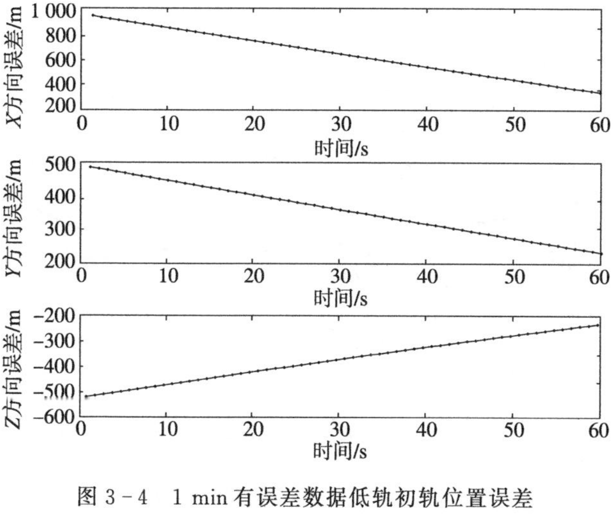

图 3 - 4　1 min 有误差数据低轨初轨位置误差

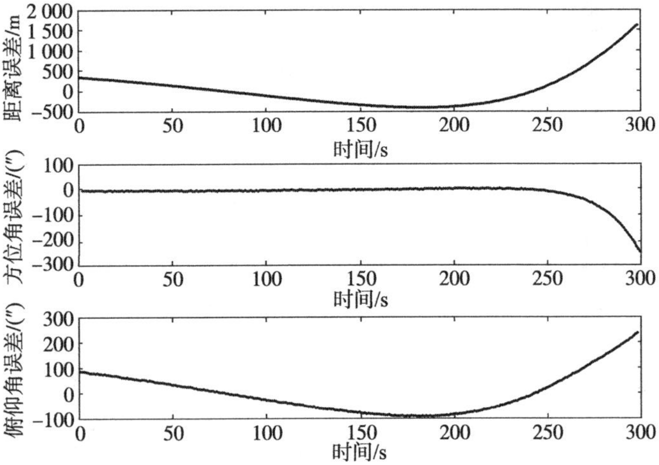

图 3-5　5 min 无误差数据低轨初轨拟合误差

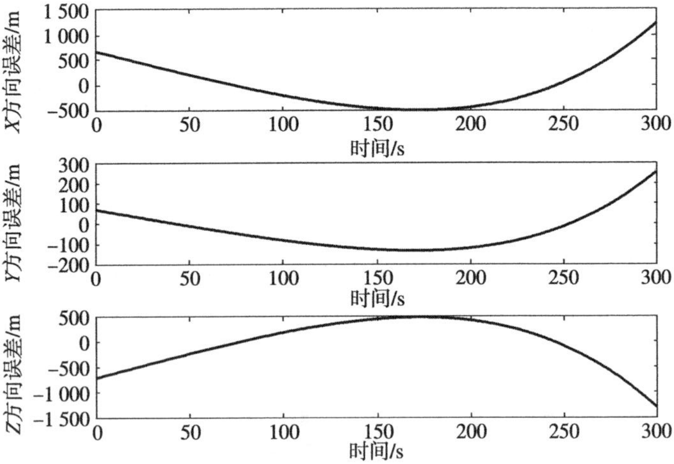

图 3-6　5 min 无误差数据低轨初轨位置误差

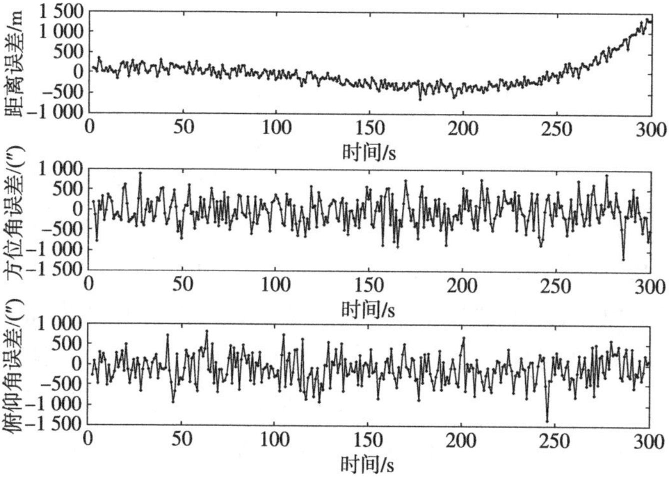

图 3－7　5 min 有误差数据低轨初轨拟合误差

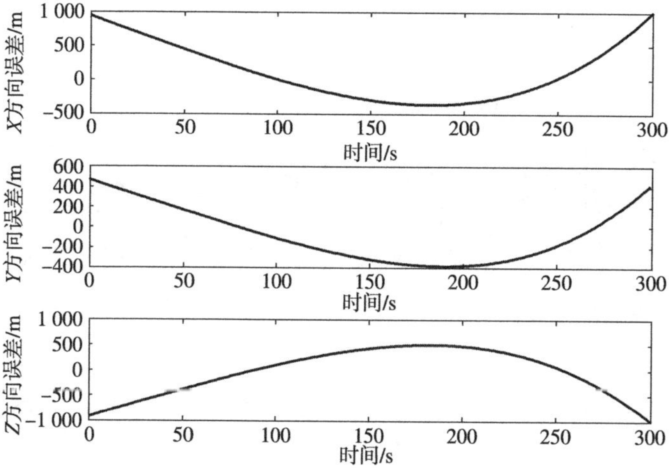

图 3－8　5 min 有误差数据低轨初轨位置误差

3.2.2　中轨空间目标

计算轨道高度约 20 000 km 的空间目标的 1 min、5 min 不同时长下，以 10 Hz 频率获得的观测数据，不设置误差，或叠加 0.1°测角标准差、100 m 测距标准差，进行初轨确定，计算观测数据拟合误差、初轨位置误差（J2000 坐标系）。由图 3-9～图 3-16 可见，在观测数据不考虑误差的情况下，1 min 观测数据的计算结果优于 5 min 观测数据的计算结果，说明中轨空间目标长期摄动，对初轨确定存在百米级的误差影响；在观测数据考虑误差的情况下，标准差为 0.1°测角、100 m 测距时，对初轨确定存在千米级的误差影响。

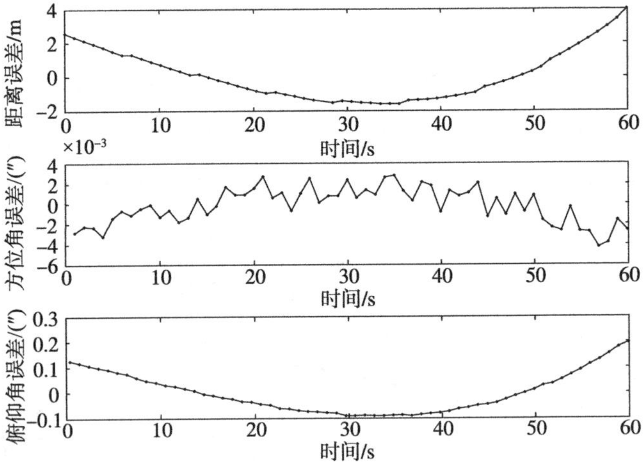

图 3-9　1 min 无误差数据中轨初轨拟合误差

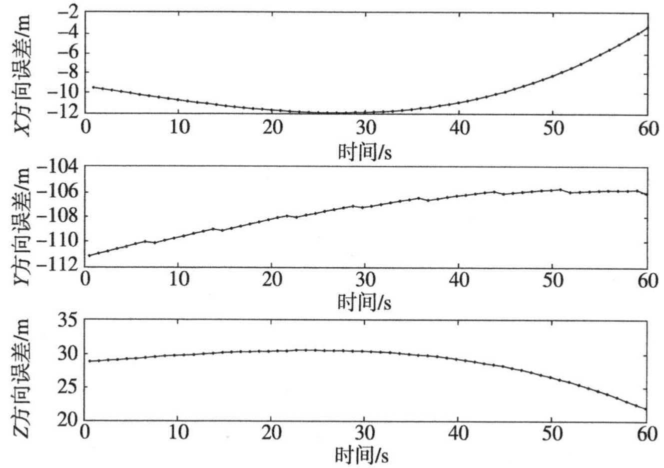

图 3-10　1 min 无误差数据中轨初轨位置误差

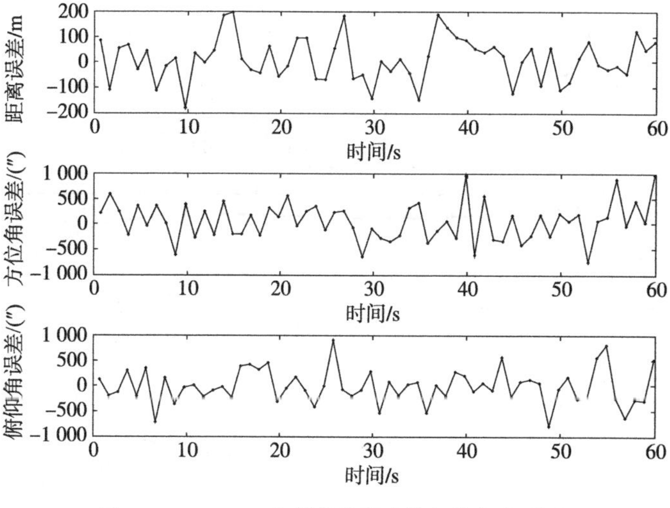

图 3-11　1 min 有误差数据中轨初轨拟合误差

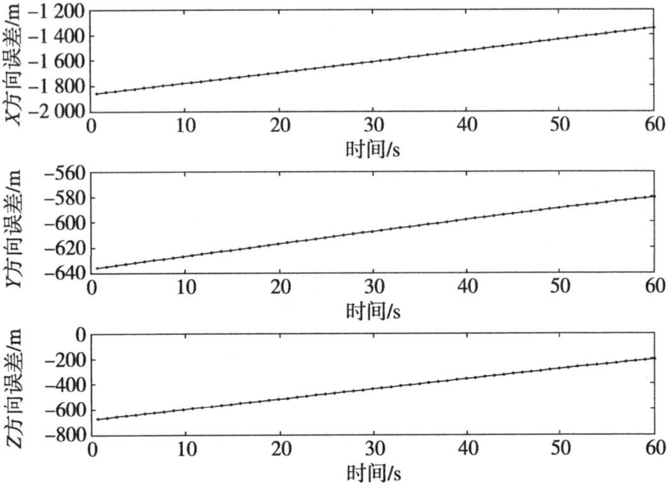

图 3-12　1 min 有误差数据中轨初轨位置误差

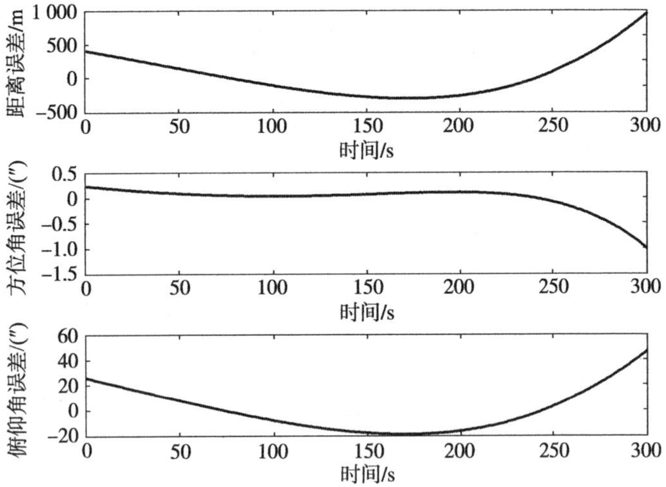

图 3-13　5 min 无误差数据中轨初轨拟合误差

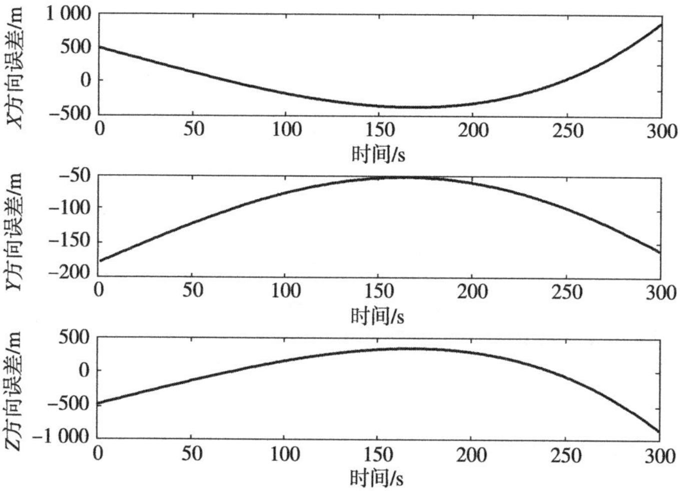

图 3－14　5 min 无误差数据中轨初轨位置误差

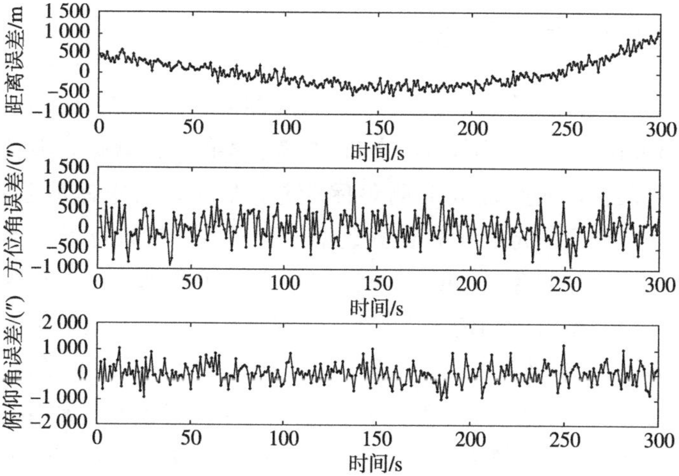

图 3－15　5 min 有误差数据中轨初轨拟合误差

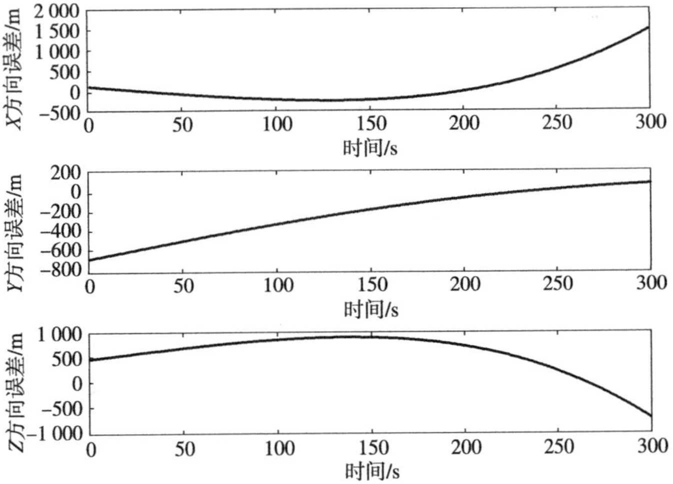

图 3－16　5 min 有误差数据中轨初轨位置误差

3.2.3　高轨空间目标

计算轨道高度约 3 6000 km 的空间目标的 1 min、5 min 不同时长下，以 10 Hz 频率获得的观测数据，不设置误差，或叠加 0.1°测角标准差、100 m 测距标准差，进行初轨确定，计算观测数据拟合误差、初轨位置误差(J2000 坐标系)。由图 3－17～图 3－24 可见，在观测数据不考虑误差的情况下，1 min 观测数据的计算结果优于 5 min 观测数据的计算结果，说明高轨空间目标长期摄动，对初轨确定存在百米级的误差影响；在观测数据考虑误差的情况下，标准差为 0.1°测角、100 m 测距时，对初轨确定存在十千米级的误差影响。

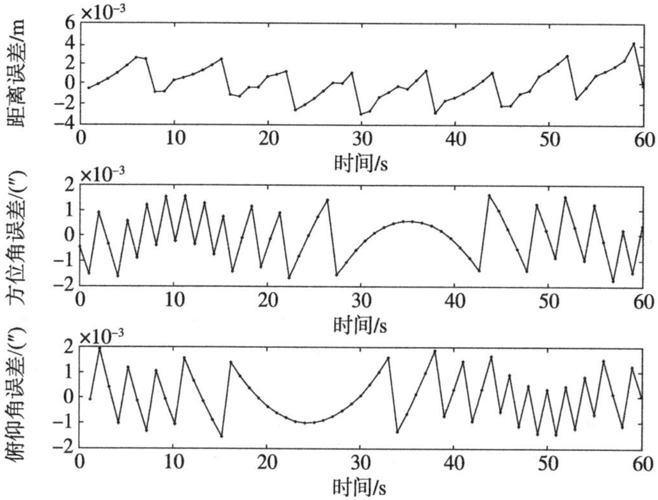

图 3 - 17　1 min 无误差数据高轨初轨拟合误差

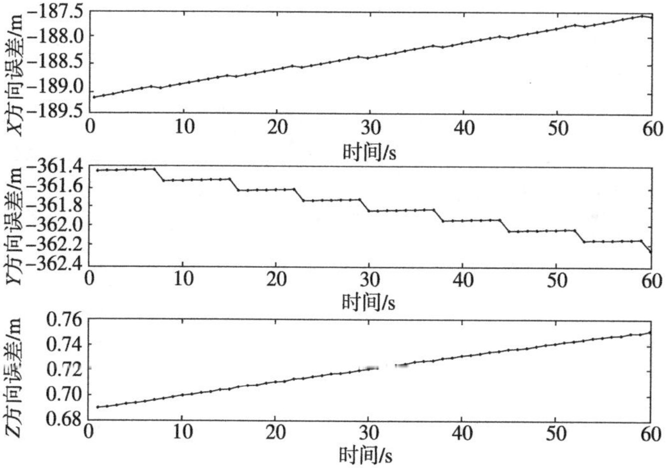

图 3 - 18　1 min 无误差数据高轨初轨位置误差

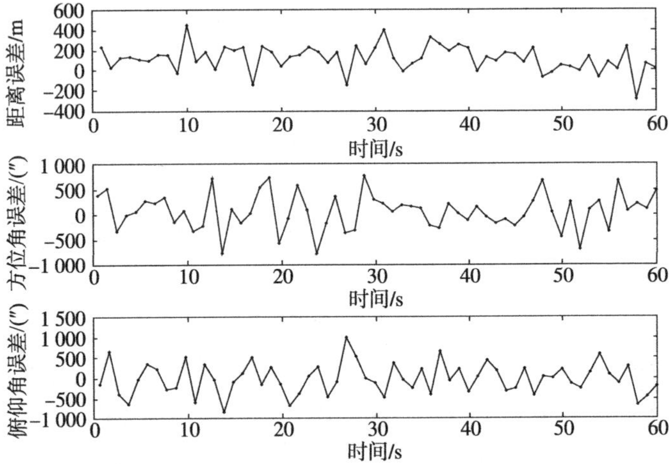

图 3-19　1 min 有误差数据高轨初轨拟合误差

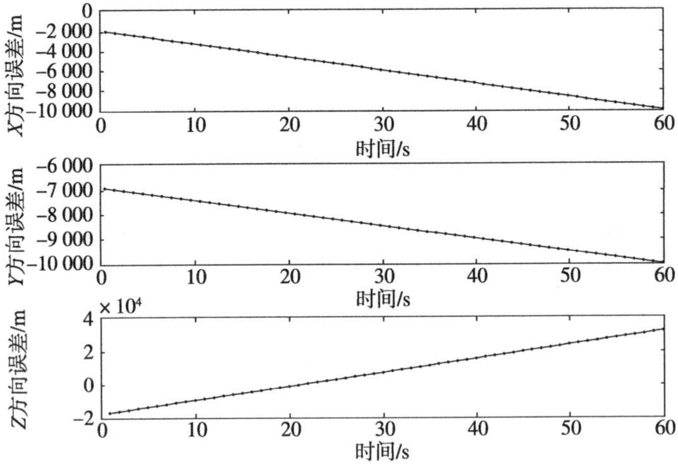

图 3-20　1 min 有误差数据高轨初轨位置误差

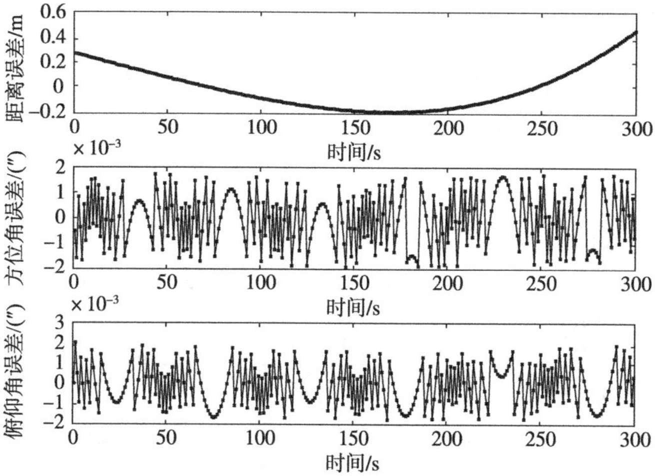

图 3 - 21　5 min 无误差数据高轨初轨拟合误差

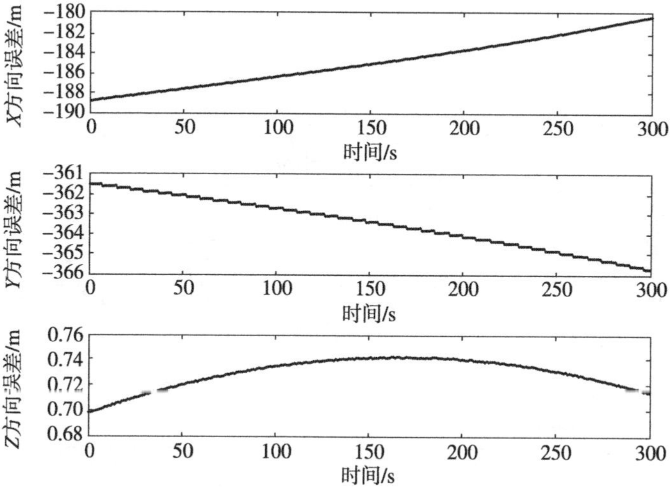

图 3 - 22　5 min 无误差数据高轨初轨位置误差

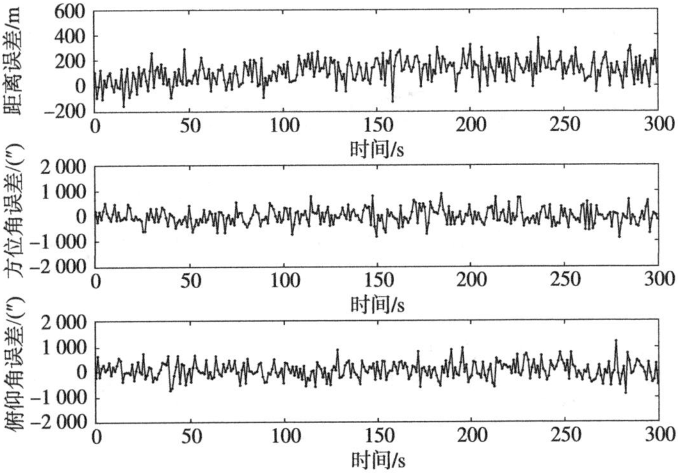

图 3－23　5 min 有误差数据高轨初轨拟合误差

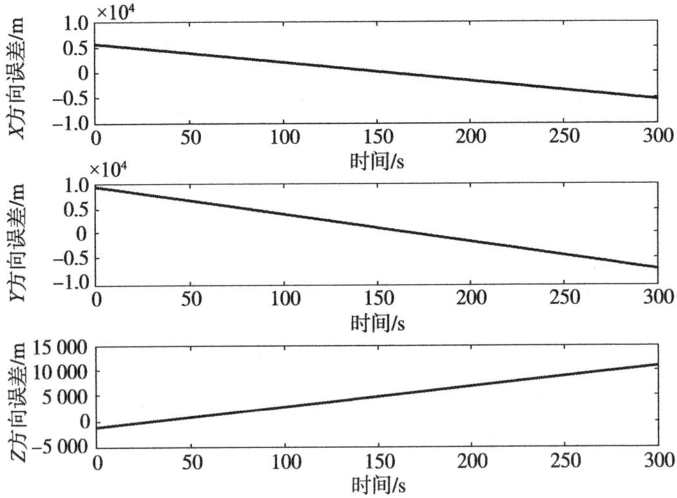

图 3－24　5 min 有误差数据高轨初轨位置误差

参 考 文 献

[1] 李青，刘爱芳，王永梅，等．美国空间攻防体系发展与能力研究［J］．航天器工程，2018，27（3）：95－98．

[2] 吴连大．人造卫星与空间碎片的轨道和探测［M］．北京：国防工业出版社，2011：164－166．

[3] 李晓明．经典f、g级数的修正法［J］．国防科技大学学报，1991，13（2）：59－67．

[4] 刘林．航天器轨道理论［M］．北京：国防工业出版社，2000：60－62．

第 4 章　空间目标定轨分析

4.1　定轨基本方法

4.1.1　构建基本方程

空间目标定轨过程，就是利用测量数据，基于最小二乘原理，进行轨道根数改进并更新空间目标轨道，包括计算测量数据的理论值，生成测量残差；计算测量矩阵和状态转移矩阵，生成条件方程；利用奇异值分解求解条件方程，增加实现空间目标轨道更新。轨道参数 $\boldsymbol{\sigma}$ 采用第一类无奇点根数[1]，空间目标初轨参数为 $\boldsymbol{\sigma}_0$，改进量参数为 $\Delta\boldsymbol{\sigma}_0$。轨道参数参考坐标系为轨道坐标系，对应参数如下：

$$\boldsymbol{\sigma}=(a,i,\Omega,\xi,\eta,\lambda,k)^{\mathrm{T}} \tag{4-1}$$

$$\boldsymbol{\sigma}_0=(a_0,i_0,\Omega_0,\xi_0,\eta_0,\lambda_0,k_0)^{\mathrm{T}} \tag{4-2}$$

$$\Delta\boldsymbol{\sigma}_0=(\Delta a,\Delta i,\Delta\Omega,\Delta\xi,\Delta\eta,\Delta\lambda,\Delta k)^{\mathrm{T}} \tag{4-3}$$

$$\xi=e\sin\omega \tag{4-4}$$

$$\eta=e\cos\omega \tag{4-5}$$

$$\lambda=\omega+M \tag{4-6}$$

式中，a、e、i、Ω、ω、M 为开普勒根数，下标 0 表示初

始时刻；k 为面质比改正参数；Δk 为 k 的改正量。轨道确定的基本方程如下：

$$\boldsymbol{H}_o - \boldsymbol{H}_c = \frac{\partial \boldsymbol{H}}{\partial(\boldsymbol{r},\boldsymbol{v})} \frac{\partial(\boldsymbol{r},\boldsymbol{v})}{\partial \boldsymbol{\sigma}} \frac{\partial \boldsymbol{\sigma}}{\partial \sigma_0} \Delta \boldsymbol{\sigma}_0 = \boldsymbol{M}_1 \boldsymbol{M}_2 \boldsymbol{M}_3 \Delta \boldsymbol{\sigma}_0 \tag{4-7}$$

$$\boldsymbol{r} = (r_x, r_y, r_z)^{\mathrm{T}} \tag{4-8}$$

$$\boldsymbol{v} = (v_x, v_y, v_z)^{\mathrm{T}} \tag{4-9}$$

式中，$\boldsymbol{H}_o$ 为观测量的测量值；$\boldsymbol{H}_c$ 为观测量的理论值；$\boldsymbol{M}_1$ 为测量偏导数矩阵；$\boldsymbol{M}_2$ 为运动偏导数矩阵；$\boldsymbol{M}_3$ 为状态转移矩阵；$\boldsymbol{r}$，$\boldsymbol{v}$ 为空间目标在轨道坐标系的位置与速度。测量矩阵为测量偏导数矩阵与运动偏导数矩阵的乘积，测量矩阵公式如下：

$$\left(\frac{\partial \boldsymbol{H}}{\partial \boldsymbol{\sigma}}\right) = \boldsymbol{M}_1 \boldsymbol{M}_2 = \left[\frac{\partial \boldsymbol{H}}{\partial(\boldsymbol{r},\boldsymbol{v})}\right] \left[\frac{\partial(\boldsymbol{r},\boldsymbol{v})}{\partial \boldsymbol{\sigma}}\right] \tag{4-10}$$

4.1.2　计算测量值

采用测距、方位角、俯仰角数据开展空间目标定轨，观测量需要转换到轨道坐标系。观测量为（t_i，ρ_i，A_i，E_i）时（$i=1$，…，N，下同），观测资料转换为 ρ_i，α_i，δ_i 的形式，α_i，δ_i 公式如下：

$$\boldsymbol{O}_{\mathrm{NWZ}} = (\cos E_i \cos A_i, -\cos E_i \sin A_i, \sin E_i)^{\mathrm{T}} \tag{4-11}$$

$$\boldsymbol{O}_{\mathrm{POD}} = \boldsymbol{M}_{\mathrm{TOD} \to \mathrm{POD}} \boldsymbol{M}_{\mathrm{PEF} \to \mathrm{TOD}} \boldsymbol{M}_{\mathrm{ECF} \to \mathrm{PEF}} \boldsymbol{M}_{\mathrm{NWZ} \to \mathrm{ECF}} \boldsymbol{O}_{\mathrm{NWZ}} \tag{4-12}$$

$$\boldsymbol{O}_{\mathrm{POD}} = (O_{\mathrm{POD}x}, O_{\mathrm{POD}y}, O_{\mathrm{POD}z})^{\mathrm{T}} \tag{4-13}$$

$$\alpha_i = \arctan\left(\frac{O_{\mathrm{POD}y}}{O_{\mathrm{POD}x}}\right) \tag{4-14}$$

$$\delta_i = \arcsin O_{\mathrm{POD}z} \tag{4-15}$$

式中，$\boldsymbol{O}_{\mathrm{NWZ}}$ 为观测量在北西天测站坐标系的坐标[2]；$O_{\mathrm{POD}x}$，$O_{\mathrm{POD}y}$，$O_{\mathrm{POD}z}$ 为 $\boldsymbol{O}_{\mathrm{POD}}$ 的矢量分量，对应的坐标系为轨道坐标系。

4.1.3 计算理论值

计算观测量理论值，利用空间目标平均轨道计算空间目标的瞬时轨道，再由空间目标的瞬时轨道计算对应时刻的轨道坐标系的空间目标瞬时位置 $\boldsymbol{r}_{ti}$，计算观测量理论值 ρ_{ci}，α_{ci}，δ_{ci}。测站位置在地固坐标系为 $\boldsymbol{R}_{\mathrm{ECF}}$，观测量理论值计算过程先将测站位置转换为轨道坐标系位置，再转换为观测量的形式。测站位置转换为轨道坐标系位置 $\boldsymbol{R}_{\mathrm{obs}}$ 为：

$$\boldsymbol{R}_{\mathrm{obs}} = \boldsymbol{M}_{\mathrm{TOD}\to\mathrm{POD}} \boldsymbol{M}_{\mathrm{PEF}\to\mathrm{TOD}} \boldsymbol{M}_{\mathrm{ECF}\to\mathrm{PEF}} \boldsymbol{R}_{\mathrm{ECF}} \tag{4-16}$$

观测量理论瞬时值 ρ_{ci}，α_{ci}，δ_{ci} 为：

$$\boldsymbol{r}_{ci} = \boldsymbol{r}_{ti} - \boldsymbol{R}_{\mathrm{obs}} = (r_{cx}, r_{cy}, r_{cz})^{\mathrm{T}} \tag{4-17}$$

$$\rho_{ci} = |\boldsymbol{r}_{ci}| \tag{4-18}$$

$$\alpha_{ci} = \arctan\left(\frac{r_{cy}}{r_{cx}}\right) \tag{4-19}$$

$$\delta_{ci} = \arcsin\left(\frac{r_{cz}}{\rho_{ci}}\right) \tag{4-20}$$

关于 ρ_i，α_i，δ_i 的 $\boldsymbol{H}_o - \boldsymbol{H}_c$ 除以地球理论半径 R_0（6 378 136.3 m）进行归一化，有利于减弱矩阵计算的病

态性，提升计算过程可靠性。每次观测量理论值为一列，依次排列为列向量，各元素计算公式如下：

$$H_{o\rho}-H_{c\rho}=(\rho_i-\rho_{ci})/R_0 \tag{4-21}$$

$$H_{o\alpha}-H_{c\alpha}=(\alpha_i-\alpha_{ci})\rho_{ci}/R_0 \tag{4-22}$$

$$H_{o\delta}-H_{c\delta}=(\delta_i-\delta_{ci})\rho_{ci}/R_0 \tag{4-23}$$

4.1.4 计算测量矩阵

(1) 测量偏导数矩阵计算

由空间目标的瞬时轨道计算对应时刻的轨道坐标系的空间目标瞬时位置 $\boldsymbol{r}_{ti}$，计算观测量理论值 ρ_{ci}，α_{ci}，δ_{ci}。对于每一个测量值，测量偏导数矩阵为 1×6 的横向量。$\boldsymbol{r}_{ci}$ 表示空间目标位置瞬时值，由空间目标瞬时根数计算得到，利用观测量理论瞬时值计算测量偏导数如下：

$$\frac{\partial\boldsymbol{\alpha}}{\partial\boldsymbol{r}}=(-\sin\alpha_{ci}/\cos\delta_{ci},\cos\alpha_{ci}/\cos\delta_{ci},0) \tag{4-24}$$

$$\frac{\partial\boldsymbol{\delta}}{\partial\boldsymbol{r}}=(-\sin\delta_{ci}\cos\alpha_{ci},-\sin\delta_{ci}\sin\alpha_{ci},\cos\delta_{ci}) \tag{4-25}$$

$$\frac{\partial(\boldsymbol{\alpha},\boldsymbol{\delta})}{\partial\boldsymbol{v}}=(0,0,0) \tag{4-26}$$

$$\frac{\partial\boldsymbol{\rho}}{\partial\boldsymbol{r}}=\frac{\boldsymbol{r}_{ci}}{|\boldsymbol{r}_{ci}|} \tag{4-27}$$

$$\frac{\partial\boldsymbol{\rho}}{\partial\boldsymbol{v}}=(0,0,0) \tag{4-28}$$

(2) 运动偏导数矩阵计算

利用空间目标平均轨道计算空间目标的瞬时轨道，

再由空间目标的瞬时轨道计算对应时刻的轨道坐标系的空间目标瞬时位置 $\boldsymbol{r}_{ti}$ 、速度 $\dot{\boldsymbol{r}}_{ti}$ ，计算运动偏导数矩阵。运动偏导数矩阵为 6×6 方阵，计算公式如下[3]：

$$\frac{\partial(\boldsymbol{r},\boldsymbol{v})}{\partial\boldsymbol{\sigma}}=\begin{pmatrix}\boldsymbol{b}_{11} & \boldsymbol{b}_{12} & \boldsymbol{b}_{13} & \boldsymbol{b}_{14} & \boldsymbol{b}_{15} & \boldsymbol{b}_{16}\\ \boldsymbol{b}_{21} & \boldsymbol{b}_{22} & \boldsymbol{b}_{23} & \boldsymbol{b}_{24} & \boldsymbol{b}_{25} & \boldsymbol{b}_{26}\end{pmatrix} \tag{4-29}$$

$$\boldsymbol{b}_{11}=\frac{\partial\boldsymbol{r}}{\partial a}=\frac{1}{a}\boldsymbol{r}_{ti} \tag{4-30}$$

$$\boldsymbol{b}_{21}=\frac{\partial\dot{\boldsymbol{r}}}{\partial a}=-\frac{1}{2a}\dot{\boldsymbol{r}}_{ti} \tag{4-31}$$

$$\boldsymbol{b}_{12}=\frac{\partial\boldsymbol{r}}{\partial i}=\boldsymbol{I} \tag{4-32}$$

$$\boldsymbol{b}_{22}=\frac{\partial\dot{\boldsymbol{r}}}{\partial i}=\boldsymbol{I}' \tag{4-33}$$

$$\boldsymbol{b}_{13}=\frac{\partial\boldsymbol{r}}{\partial\Omega}=\boldsymbol{\Omega} \tag{4-34}$$

$$\boldsymbol{b}_{23}=\frac{\partial\dot{\boldsymbol{r}}}{\partial\Omega}=\boldsymbol{\Omega}' \tag{4-35}$$

$$\boldsymbol{b}_{14}=\frac{\partial\boldsymbol{r}}{\partial\xi}=\boldsymbol{F}\sin\omega+\boldsymbol{G}\cos\omega \tag{4-36}$$

$$\boldsymbol{b}_{24}=\frac{\partial\dot{\boldsymbol{r}}}{\partial\xi}=\boldsymbol{F}'\sin\omega+\boldsymbol{G}'\cos\omega \tag{4-37}$$

$$\boldsymbol{b}_{15}=\frac{\partial\boldsymbol{r}}{\partial\eta}=\boldsymbol{F}\cos\omega-\boldsymbol{G}\sin\omega \tag{4-38}$$

$$\boldsymbol{b}_{25}=\frac{\partial\dot{\boldsymbol{r}}}{\partial\eta}=\boldsymbol{F}'\cos\omega-\boldsymbol{G}'\sin\omega \tag{4-39}$$

$$\boldsymbol{b}_{16}=\frac{\partial \boldsymbol{r}}{\partial \lambda}=\frac{1}{n}\dot{\boldsymbol{r}}_{ti} \tag{4-40}$$

$$\boldsymbol{b}_{26}=\frac{\partial \dot{\boldsymbol{r}}}{\partial \lambda}=-\frac{\mu}{n}\frac{\boldsymbol{r}_{ti}}{r^3} \tag{4-41}$$

$$\boldsymbol{I}=\begin{pmatrix} z\sin(\mathrm{RAAN}) \\ -z\cos(\mathrm{RAAN}) \\ -x\sin(\mathrm{RAAN})+y\cos(\mathrm{RAAN}) \end{pmatrix} \tag{4-42}$$

$$\boldsymbol{I}'=\begin{pmatrix} \dot{z}\sin(\mathrm{RAAN}) \\ -\dot{z}\cos(\mathrm{RAAN}) \\ -\dot{x}\sin(\mathrm{RAAN})+\dot{y}\cos(\mathrm{RAAN}) \end{pmatrix} \tag{4-43}$$

$$\boldsymbol{\Omega}=\begin{pmatrix} -y \\ x \\ 0 \end{pmatrix},\boldsymbol{\Omega}'=\begin{pmatrix} -\dot{y} \\ \dot{x} \\ 0 \end{pmatrix} \tag{4-44}$$

$$\boldsymbol{F}=H\boldsymbol{r}_{ti}+K\dot{\boldsymbol{r}}_{ti} \tag{4-45}$$

$$\boldsymbol{F}'=H'\boldsymbol{r}_{ti}+K'\dot{\boldsymbol{r}}_{ti} \tag{4-46}$$

$$\boldsymbol{G}=I\boldsymbol{r}_{ti}+J\dot{\boldsymbol{r}}_{ti} \tag{4-47}$$

$$\boldsymbol{G}'=I'\boldsymbol{r}_{ti}+J'\dot{\boldsymbol{r}}_{ti} \tag{4-48}$$

$$H=-\frac{a}{p}(\cos E+e) \tag{4-49}$$

$$K=\frac{p+r}{np}\sin E \tag{4-50}$$

$$H'=\frac{na^2}{pr}\left[1-\frac{a}{r}\left(1+\frac{p}{r}\right)\right]\sin E \tag{4-51}$$

$$K'=\frac{a}{p}\cos E \tag{4-52}$$

$$I = -\frac{1}{\sqrt{1-e^2}}\sin E \tag{4-53}$$

$$J = \frac{1}{n\sqrt{1-e^2}}\left(\frac{e}{1+\sqrt{1-e^2}} - 2\cos E + e\cos^2 E\right) \tag{4-54}$$

$$I' = \frac{na^2}{r^2\sqrt{1-e^2}}\left(-\frac{e}{1+\sqrt{1-e^2}} + \frac{a}{r}\sqrt{1-e^2}\cos E + e\cos^2 E\right) \tag{4-55}$$

$$J' = \frac{1}{\sqrt{1-e^2}}\sin E \tag{4-56}$$

$$n = \sqrt{\frac{\mu}{a^3}} \tag{4-57}$$

$$r = a(1 - e\cos E) \tag{4-58}$$

$$E - e\sin E = M \tag{4-59}$$

式中，a、e、i、ω、M 为开普勒根数；n 为平运动角速率；r 为向径；p 为半通径；E 为偏近点角，可以通过开普勒方程迭代计算得到；RAAN 为升交点赤经，由空间目标瞬时位置转换得到。

4.1.5 计算状态转移矩阵

状态转移矩阵为 6×7 行列式，主要元素为 0 或 1，针对初始状态 σ_0，状态转移矩阵计算公式为：

$$\boldsymbol{\Phi}_{6\times7}=\begin{pmatrix}1 & 0 & 0 & 0 & 0 & 0 & \phi_{06}\\0 & 1 & 0 & 0 & 0 & 0 & \phi_{16}\\\phi_{20} & \phi_{21} & 1 & \phi_{23} & \phi_{24} & 0 & \phi_{26}\\\phi_{30} & \phi_{31} & 0 & 1+\phi_{33} & \phi_{34} & 0 & \phi_{36}\\\phi_{40} & \phi_{41} & 0 & \phi_{43} & 1+\phi_{44} & 0 & \phi_{46}\\-\frac{3n}{2a}(t-t_0)+\phi_{50} & \phi_{51} & 0 & \phi_{53} & \phi_{54} & 1 & \phi_{56}\end{pmatrix} \tag{4-60}$$

$$\phi_{06}=\frac{\partial a}{\partial k}=\frac{t-t_0}{k}\left[\frac{\mathrm{d}a}{\mathrm{d}t}\right]\bigg|_{t=t_0} \tag{4-61}$$

$$\phi_{16}=\frac{\partial i}{\partial k}=\frac{t-t_0}{k}\left[\frac{\mathrm{d}i}{\mathrm{d}t}\right]\bigg|_{t=t_0} \tag{4-62}$$

$$\phi_{20}=-\frac{7}{2a}\Omega_1(t-t_0) \tag{4-63}$$

$$\phi_{21}=-\Omega_1(t-t_0)\tan i \tag{4-64}$$

$$\phi_{23}=\frac{4\xi}{1-e^2}\Omega_1(t-t_0) \tag{4-65}$$

$$\phi_{24}=\frac{4\eta}{1-e^2}\Omega_1(t-t_0) \tag{4-66}$$

$$\phi_{26}=\frac{\partial a}{\partial k}=\frac{t-t_0}{k}\left[\frac{\mathrm{d}\Omega}{\mathrm{d}t}\right]\bigg|_{t=t_0} \tag{4-67}$$

$$\phi_{30}=-\frac{7\eta}{2a}\omega_1(t-t_0) \tag{4-68}$$

$$\phi_{31}=-\frac{5c\cdot\eta}{2}(t-t_0)\sin 2i \tag{4-69}$$

$$\phi_{33}=\frac{4\xi\eta}{1-e^2}\omega_1(t-t_0) \tag{4-70}$$

$$\phi_{34}=\left(1+\frac{4\eta^2}{1-e^2}\right)\omega_1(t-t_0) \tag{4-71}$$

$$\phi_{36}=\frac{\partial\xi}{\partial k}=\frac{t-t_0}{k}\left[\frac{\mathrm{d}\xi}{\mathrm{d}t}\right]\bigg|_{t=t_0} \tag{4-72}$$

$$\phi_{40}=\frac{7\xi}{2a}\omega_1(t-t_0) \tag{4-73}$$

$$\phi_{41}=\frac{5c\cdot\xi}{2}(t-t_0)\sin 2i \tag{4-74}$$

$$\phi_{43}=-\left(1+\frac{4\xi^2}{1-e^2}\right)\omega_1(t-t_0) \tag{4-75}$$

$$\phi_{44}=-\frac{4\xi\eta}{1-e^2}\omega_1(t-t_0) \tag{4-76}$$

$$\phi_{46}=\frac{\partial\eta}{\partial k}=\frac{t-t_0}{k}\left[\frac{\mathrm{d}\eta}{\mathrm{d}t}\right]\bigg|_{t=t_0} \tag{4-77}$$

$$\phi_{50}=-\frac{7}{2a}(M_1+\omega_1)(t-t_0) \tag{4-78}$$

$$\phi_{51}=-\left(\frac{3c\sqrt{1-e^2}}{2}+\frac{5c}{2}\right)(t-t_0)\sin 2i \tag{4-79}$$

$$\phi_{53}=\frac{\xi}{1-e^2}(3M_1+4\omega_1)(t-t_0) \tag{4-80}$$

$$\phi_{54}=\frac{\eta}{1-e^2}(3M_1+4\omega_1)(t-t_0) \tag{4-81}$$

$$\phi_{56}=\frac{\partial\lambda}{\partial k}=-\frac{3n}{2a}\left(\frac{\partial a}{\partial k}\right)(t-t_0)+\frac{t-t_0}{k}\left[\frac{\mathrm{d}\eta}{\mathrm{d}t}\right]\bigg|_{t=t_0} \tag{4-82}$$

$$\Omega_1=-c\cdot\cos i \tag{4-83}$$

$$\omega_1 = c\left(2 - \frac{5}{2}\sin 2i\right) \tag{4-84}$$

$$M_1 = c \cdot \left(1 - \frac{2}{2}\sin 2i\right)\sqrt{1-e^2} \tag{4-85}$$

$$c = \frac{3a_e^2}{2p^2} J_2 n \tag{4-86}$$

式中，(a，i，Ω，ξ，η，λ，k) 的导数为利用非引力摄动项计算 $t=t_0$ 时刻的摄动函数计算结果，包括大气阻力摄动、光压摄动等，具体公式见 4.2.3 节；a_e 为地球半径 (JAM－3 模型取为 6 378 136.3 m)。

4.2　计算非引力摄动

4.2.1　计算大气阻力摄动

大气阻力引起的径向、横向和轨道面法向的摄动加速度 S_D、T_D、W_D 计算公式为[1]：

$$S_D = -kC_d S_M \rho V V_S / 2 \tag{4-87}$$

$$T_D = -kC_d S_M \rho V (V_T - n_e r\cos i)/2 \tag{4-88}$$

$$W_D = -kC_d S_M \rho V n_e r \sin i \cos u / 2 \tag{4-89}$$

式中，k 为面质比改正参数（解算参数）；C_d 为高层大气阻力系数；S_M 为空间目标的面质比；ρ 为大气密度；n_e 为地球自转速度。

V_S 、V_T 、V 计算公式如下：

$$V_S = \sqrt{\frac{\mu}{p}} e\sin f \tag{4-90}$$

$$V_T = \sqrt{\frac{\mu}{p}}(1 + e\cos f) \tag{4-91}$$

$$V = \sqrt{V_S^2 + V_T^2 - 2V_T n_e r\cos i + (n_e r\cos\phi)^2} \tag{4-92}$$

式中，μ 为赤经岁差；ϕ 为空间目标的地心纬度。

4.2.2　计算光压摄动

光压摄动需采用平根开展分析，对姿态稳定空间目标存在影响。计算过程涉及太阳位置计算、地影判断计算、光压加速度计算。

（1）太阳位置计算

太阳位置受到行星摄动影响，因为在计算模型中对摄动因素的考量存在差异，所以计算结果的精度也不尽相同。考虑长周期摄动计算太阳位置，AU 为天文单位，取值 149 597 870 691 m 。T_{cy} 为儒略世纪数，M_s 为太阳平近点角，计算公式如下[1]：

$$T_{cy} = \frac{\mathrm{JD(TT)} - 2\ 451\ 545.0}{36\ 525} \tag{4-93}$$

$$M_s = 357.527\ 723\ 3^\circ + 35\ 999.050\ 34^\circ T_{cy} \tag{4-94}$$

太阳在轨道坐标系中的位置矢量 $\boldsymbol{r}_s$ 的计算公式为：

$$\boldsymbol{r}_s = (r_{sx}, r_{sy}, r_{sz})^{\mathrm{T}} = a_s \begin{pmatrix} \cos\lambda_s \\ \cos\varepsilon_s \sin\lambda_s \\ \sin\varepsilon_s \sin\lambda_s \end{pmatrix} \tag{4-95}$$

$$a_s = (1.000\,140\,612 - 0.016\,708\,617\cos M_s - 0.000\,139\,589\cos 2M_s)\mathrm{AU} \tag{4-96}$$

$$\varepsilon_s = 23.439\,291^\circ - 0.013\,004\,2^\circ T_{cy} \tag{4-97}$$

$$\lambda_s = 280.460\,618\,4^\circ + 36\,000.770\,053\,61^\circ T_{cy} + 1.914\,666\,471^\circ \sin M_s + 0.019\,994\,643^\circ \sin 2M_s \tag{4-98}$$

太阳赤经 α_s 和赤纬 δ_s 的计算公式为：

$$\alpha_s = \arctan\left(\frac{r_{sy}}{r_{sx}}\right) \tag{4-99}$$

$$\delta_s = \arcsin\left(\frac{r_{sz}}{r_s}\right) \tag{4-100}$$

（2）地影判断计算

地影判断计算为地影改正因子（$0 \leqslant \nu \leqslant 1$）计算提供输入，包括采样点计算、地影计算，采样点计算针对不同偏心率轨道运行一圈情况下的地影进行采样，计算公式如下：

$$\mathrm{NF} = \begin{cases} 18 & e < 0.01 \\ 36 & 0.01 \leqslant e < 0.1 \\ 72 & 0.1 \leqslant e < 0.2 \\ 144 & 0.2 \leqslant e < 0.3 \\ 198 & 0.3 \leqslant e < 0.4 \\ 252 & 0.4 \leqslant e < 0.5 \\ 306 & 0.5 \leqslant e < 0.6 \\ 400 & e \geqslant 0.6 \end{cases} \tag{4-101}$$

$$u_M = \frac{2\pi}{2\mathrm{NF}+1} \tag{4-102}$$

空间目标被太阳照射的区间为（u_c，u_j），u_c 为卫星出地影时的角度，u_j 为卫星进地影时的角度。在进行平根变化率计算时，采样点的 u 角为 u_k，地影（采用圆柱形地影模型）改正因子 ν 表示为：

$$\nu = \frac{\left|(u_k - \Delta, u_k + \Delta) \cap (u_c, u_j)\right|}{2\Delta} \tag{4-103}$$

$$\Delta = \frac{\pi}{2\mathrm{NF}} \tag{4-104}$$

（3）光压加速度计算

光压摄动引起的径向、横向和轨道面法向的摄动加速度 S_P、T_P、W_P 计算公式为：

$$\begin{pmatrix} S_P \\ T_P \\ W_P \end{pmatrix} = -k\frac{S}{M}F_R C_R \nu \boldsymbol{R}_z(u)\boldsymbol{R}_x(i)\boldsymbol{R}_z(\Omega)\boldsymbol{r}_s \tag{4-105}$$

式中，F_R 为光压常数（$F_R = 4.563\ 16\times 10^{-6}$）；$C_R$ 为反射特性参数（$C_R = 1.2$）；ν 为地影改正因子，卫星被太阳照射时，$\nu = 1$；卫星在地影时，$\nu = 0$；$\boldsymbol{R}_z(u)$、$\boldsymbol{R}_x(i)$、$\boldsymbol{R}_z(\Omega)$ 为旋转矩阵；$\boldsymbol{r}_s$ 为太阳方向的单位矢量。

4.2.3 计算非引力摄动函数

计算第一类无奇点变量 σ 的光压摄动函数公式如下[4]：

$$\frac{\mathrm{d}a}{\mathrm{d}t} = \frac{2}{n\sqrt{1-e^2}}\left(S\cdot e\sin f + \frac{p}{r}T\right) \tag{4-106}$$

$$\frac{\mathrm{d}i}{\mathrm{d}t}=\frac{r\cos u}{na^2\sqrt{1-e^2}}W \tag{4-107}$$

$$\frac{\mathrm{d}\Omega}{\mathrm{d}t}=\frac{r\sin u}{na^2\sqrt{1-e^2}\sin i}W \tag{4-108}$$

$$\frac{\mathrm{d}\xi}{\mathrm{d}t}=-\eta\cos i\cdot\left(\frac{\mathrm{d}\Omega}{\mathrm{d}t}\right)+\frac{\sqrt{1-e^2}}{na}\left[-\cos uS+T\left(\sin u+\sin\tilde{u}+\frac{e\eta\sin E}{\sqrt{1-e^2}\,(1+\sqrt{1-e^2})}\right)\right] \tag{4-109}$$

$$\frac{\mathrm{d}\eta}{\mathrm{d}t}=\xi\cos i\cdot\left(\frac{\mathrm{d}\Omega}{\mathrm{d}t}\right)+\frac{\sqrt{1-e^2}}{na}\left\{\sin uS+T\left[\cos u+\cos\tilde{u}-\frac{e\xi\sin E}{\sqrt{1-e^2}\,(1+\sqrt{1-e^2})}\right]\right\} \tag{4-110}$$

$$\frac{\mathrm{d}\lambda}{\mathrm{d}t}=n-\cos i\cdot\left(\frac{\mathrm{d}\Omega}{\mathrm{d}t}\right)-\frac{2r}{na^2}S+\frac{e\sqrt{1-e^2}}{na\,(1+\sqrt{1-e^2})}\left[-S\cos f+T\left(1+\frac{r}{p}\right)\sin f\right] \tag{4-111}$$

$$n=\sqrt{\frac{\mu}{a^3}} \tag{4-112}$$

$$r=a(1-e\cos E) \tag{4-113}$$

$$u=f+w \tag{4-114}$$

$$\tilde{u}=E+w \tag{4-115}$$

$$p=a(1-e^2) \tag{4-116}$$

式中，n 为平运动角速率；r 为向径；f 为真近点角；E 为偏近点角；S、T、W 为径向、横向和轨道面法向的三个摄动加速度，为大气阻力摄动、光压摄动三个方向对应数值的和。

4.3 计算定轨精度

统计定轨残差分为计算瞬时轨道根数、计算空间目标瞬时位置、瞬时位置坐标转换、计算观测量等过程。计算瞬时轨道根数包括计算一阶短周期项、计算地球引力场田谐项两个过程[1]。

4.3.1 一阶短周期项

采用轨道平根数计算一阶短周期项 $\Delta\sigma_s$ 的计算公式如下：

$$\Delta a_s = \frac{J_2}{2}\left(\frac{a_e^2}{a}\right)\left\{(2-3\sin^2 i)\left[\left(\frac{a}{r}\right)^3-(1-e^2)^{-3/2}\right]+ 3\left(\frac{a}{r}\right)^3\sin^2 i\cos(2f+2\omega)\right\} \tag{4-117}$$

$$\Delta i_s = \frac{3J_2\sin 2i}{8}\left(\frac{a_e}{p}\right)^2\left[\cos(2f+2\omega)+ e\cos(f+2\omega)+\frac{e}{3}\cos(3f+2\omega)\right] \tag{4-118}$$

$$\Delta\Omega_s = -\frac{3J_2\cos i}{2}\left(\frac{a_e}{p}\right)^2\{(f-M+e\sin f)-\frac{1}{2}[\sin(2f+2\omega)+e\sin(f+2\omega)+\frac{e}{3}\sin(3f+2\omega)]\} \tag{4-119}$$

$$\Delta e_s = \frac{J_2}{4}\left(\frac{a_e}{p}\right)^2\left\{(2-3\sin^2 i)\left[(3+e(3+e\cos f)\cos f)\cos f+\frac{e}{1+\sqrt{1-e^2}}+e\sqrt{1-e^2}\right]-3(1-e^2)\sin^2 i\left[\cos(f+2\omega)+\frac{1}{3}\cos(3f+2\omega)\right]+3\sin^2 i\cos(2f+2\omega)\times[(3+e(3+e\cos f)\cos f)\cos f+e]\right\} \tag{4-120}$$

$$\Delta\omega_s = \frac{3J_2}{4}\left(\frac{a_e}{p}\right)^2\left\{(2-3\sin^2 i)\left[e(f-M)+\left(1+\frac{3}{4}e^2\right)\sin f+\frac{e}{2}\sin 2f+\frac{e^2}{12}\sin 3f\right]+\left[-\frac{e^2}{8}\sin(-f+2\omega)+\left(-\frac{1}{2}+\frac{7}{8}e^2\right)\sin(f+2\omega)+\frac{3}{2}e\sin(2f+2\omega)+\left(\frac{7}{6}+\frac{11}{24}e^2\right)\sin(3f+2\omega)+\frac{3}{4}e\sin(4f+2\omega)+\frac{1}{8}e^2\sin(5f+2\omega)\right]\sin^2 i\right\} \tag{4-121}$$

$$\Delta\xi_s = \Delta e_s \sin\omega + (\Delta\omega_s - e\Delta\Omega_s \cos i)\cos\omega \tag{4-122}$$

$$\Delta\eta_s = \Delta e_s \cos\omega - (\Delta\omega_s - e\Delta\Omega_s \cos i)\sin\omega \tag{4-123}$$

$$\Delta\lambda_s = -\Delta\Omega_s \cos i + \frac{e}{1+\sqrt{1-e^2}}\Delta\omega_s + \frac{3J_2\sqrt{1-e^2}}{4}\left(\frac{a_e}{p}\right)^2\left\{(2-3\sin^2 i)(f-M+e\sin f) + \frac{3}{2}\left[\sin(2f+2\omega)+e\sin(f+2\omega)+\frac{e}{3}\sin(3f+2\omega)\right]\sin^2 i\right\} \tag{4-124}$$

4.3.2 地球引力场田谐项

$\Delta\sigma_{md}$ 为田谐引起的地球自转项，计算公式如下：

$$\Delta a_{md} = 0 \tag{4-125}$$

$$\Delta i_{md} = J_{22}\left(\frac{a_e}{a}\right)^2\left(\frac{3}{2\alpha}\cos 2\Omega_{22}\right)\sin i \tag{4-126}$$

$$\Delta\Omega_{md} = J_{22}\left(\frac{a_e}{a}\right)^2\left(-\frac{3}{2\alpha}\sin 2\Omega_{22}\right)\cos i \tag{4-127}$$

$$\Delta\xi_{md} = J_{31}\left(\frac{a_e}{a}\right)^3\left(\frac{15}{8}\sin^2 i - \frac{3}{2}\right)\left(-\frac{1}{\alpha}\sin\Omega_{31}\right) \tag{4-128}$$

$$\Delta\eta_{md} = J_{31}\left(\frac{a_e}{a}\right)^3\left(\frac{45}{8}\sin^2 i - \frac{3}{2}\right)\left(\frac{1}{\alpha}\cos\Omega_{31}\right)\cos i \tag{4-129}$$

$$\Delta\lambda_{md} = -\Delta\Omega_{md}\cos i + \frac{9}{2}J_{22}\left(\frac{a_e}{a}\right)^2\left[-\frac{1}{\alpha}\sin(2\Omega_{22})\right]\sin^2 i \tag{4-130}$$

4.3.3 计算瞬时位置

先采用迭代方法计算偏近点角 E，再计算向径 r 和真近点角 f。

$$E_{i+1} = E_i - \frac{E_i - e\sin E_i - M}{1 - e\cos E_i} \tag{4-131}$$

$$E_1 = \begin{cases} M & e \leqslant 0.8 \\ \pi & e > 0.8 \end{cases} \tag{4-132}$$

$$r = a \cdot (1 - e\cos E) \tag{4-133}$$

$$f = \arctan\left(\frac{k\sin f}{k\cos f}\right) \tag{4-134}$$

$$k\cos f = \cos E - e \tag{4-135}$$

$$k\sin f = \sqrt{1-e^2}\sin E \tag{4-136}$$

计算空间目标的轨道坐标系的瞬时位置 $\boldsymbol{r}_{\mathrm{POD}}$、瞬时速度 $\dot{\boldsymbol{r}}_{\mathrm{POD}}$：

$$u = \omega + f \tag{4-137}$$

$$\boldsymbol{r}_{\mathrm{POD}} = r\cos u \cdot \boldsymbol{P} + r\sin u \cdot \boldsymbol{Q} \tag{4-138}$$

$$\boldsymbol{P} = (\cos\Omega \quad \sin\Omega \quad 0)^{\mathrm{T}} \tag{4-139}$$

$$\boldsymbol{Q} = (-\cos i\sin\Omega \quad \cos i\cos\Omega \quad \sin i)^{\mathrm{T}} \tag{4-140}$$

$$\dot{\boldsymbol{r}}_{\mathrm{POD}} = \frac{\sqrt{\mu a}}{r}[e\sin E \cdot \boldsymbol{R} + \sqrt{(1-e^2)} \cdot \boldsymbol{T}] \tag{4-141}$$

$$\boldsymbol{R} = \cos u \cdot \boldsymbol{P} + \sin u \cdot \boldsymbol{Q} \tag{4-142}$$

$$\boldsymbol{T} = -\sin u \cdot \boldsymbol{P} + \cos u \cdot \boldsymbol{Q} \tag{4-143}$$

由轨道坐标系转换为J2000坐标系，支持实现定轨位置误差统计分析：

$$\boldsymbol{r}_{\text{J2000}} = \boldsymbol{M}_{\text{MOD}\to\text{J2000}} \boldsymbol{M}_{\text{TOD}\to\text{MOD}} \boldsymbol{M}_{\text{POD}\to\text{TOD}} \boldsymbol{r}_{\text{POD}} \tag{4-144}$$

4.3.4 定轨拟合误差计算

利用空间目标在J2000坐标系的位置，计算空间目标不同观测时刻的轨道位置拟合值：

$$\boldsymbol{r}_i = \boldsymbol{r}_{\text{J2000}}, i = 1, \cdots, N \tag{4-145}$$

$$\begin{cases} x_i = f_i x_0 + g_i \dot{x}_0 \\ y_i = f_i y_0 + g_i \dot{y}_0 \\ z_i = f_{zi} z_0 + g_{zi} \dot{z}_0 \end{cases} \tag{4-146}$$

$$\boldsymbol{r}_{\text{ECF}i} = \boldsymbol{M}_{\text{J2000}\to\text{ECF}} \boldsymbol{r}_i \tag{4-147}$$

$$\boldsymbol{r}_{\text{ENZ}i} = \boldsymbol{M}_{\text{ECF}\to\text{ENZ}} (\boldsymbol{r}_{\text{ECF}i} - \boldsymbol{R}_{\text{ECF}}) = (r_{cxi}, r_{cyi}, r_{czi})^{\text{T}} \tag{4-148}$$

式中，f_i、g_i、f_{zi}、g_{zi} 为幂级数系数；$\boldsymbol{r}_i$ 为空间目标在J2000坐标系的位置；$\boldsymbol{r}_{\text{ECF}i}$ 为空间目标在ECF坐标系的位置；$\boldsymbol{r}_{\text{ENZ}i}$ 为空间目标在ENZ坐标系的位置；$\boldsymbol{R}_{\text{ECF}}$ 为测站位置在地固坐标系的坐标。$\boldsymbol{M}_{\text{J2000}\to\text{ECF}}$、$\boldsymbol{M}_{\text{ECF}\to\text{ENZ}}$ 为J2000坐标系向ECF坐标系、ECF坐标系向ENZ坐标系转换的矩阵。计算空间目标的观测距离如下：

$$\rho_{ci} = |\boldsymbol{r}_{\text{ENZ}i}| \tag{4-149}$$

分四种情况计算空间目标的观测方位如下：

$$A_{ci}=2\pi-\arcsin\left(\frac{|r_{cyi}|}{\sqrt{r_{cxi}^2+r_{cyi}^2}}\right)\quad r_{cyi}\geqslant 0, r_{cxi}\geqslant 0 \tag{4-150}$$

$$A_{ci}=\pi+\arcsin\left(\frac{|r_{cyi}|}{\sqrt{r_{cxi}^2+r_{cyi}^2}}\right)\quad r_{cyi}\geqslant 0, r_{cxi}<0 \tag{4-151}$$

$$A_{ci}=\arcsin\left(\frac{|r_{cyi}|}{\sqrt{r_{cxi}^2+r_{cyi}^2}}\right)\quad r_{cyi}<0, r_{cxi}\geqslant 0 \tag{4-152}$$

$$A_{ci}=\pi-\arcsin\left(\frac{|r_{cyi}|}{\sqrt{r_{cxi}^2+r_{cyi}^2}}\right)\quad r_{cyi}<0, r_{cxi}<0 \tag{4-153}$$

计算空间目标的观测俯仰角如下：

$$E_{ci}=\arcsin\left(\frac{r_{czi}}{\rho_{ci}}\right) \tag{4-154}$$

为了评估观测数据各个分量的拟合效果，利用 A_{ci}、E_{ci}、ρ_{ci} 统计观测数据的拟合误差，求取 A_i、E_i、ρ_i 的残差作为观测数据的拟合误差，并统计其误差分布情况：

$$\Delta\rho_i=\rho_i-\rho_{ci} \tag{4-155}$$

$$\Delta A_i=A_i-A_{ci} \tag{4-156}$$

$$\Delta E_i-E_i-E_{ci} \tag{4-157}$$

4.4 实现结果

本节将空间目标分为低轨、中轨和高轨三个高度层次，利用 HPOP 模型计算不同轨道高度空间目标在 1 min、5 min 不同时长下，以 1 Hz 频率获取的观测数据，设置不同的测角、测距误差，选取 24 h 内三次过境观测数据或三个弧段观测数据进行初轨确定、轨道确定，计算观测数据拟合精度、位置确定精度。典型空间目标数据拟合残差与定轨位置误差仿真结果见表 4-1。

4.4.1 低轨空间目标

计算轨道高度约 500 km 的空间目标在 1 min、5 min 不同时长下，以 1 Hz 频率获取的观测数据，不设置误差，或设置标准差为 0.1°测角、100 m 测距，进行初轨确定，计算观测数据拟合误差、初轨位置误差（J2000 坐标系）。由图 4-1～图 4-8 可见，在观测数据不考虑误差的情况下，5 min 观测数据的计算结果优于 1 min 观测数据的计算结果，数据量对定轨误差存在影响，数据越多，定轨误差相对越小；在观测数据考虑误差的情况下，叠加 0.1°测角标准差、100 m 测距标准差时，对初轨确定存在百米级的误差影响。

表 4-1 典型空间目标数据拟合残差与定轨位置误差仿真结果

序号	空间目标类型	AER 误差/(°,°,m)	时长/s	拟合残差/(″,″,m)	位置误差/(m,m,m)
1	低轨空间目标	0,0,0	60	25.427,3.394,105.140	144.664,110.100,232.565
2		0.02,0.02,20	60	180.508,169.368,144.130	135.544,53.093,174.396
3		0.04,0.04,40	60	417.570,391.401,127.320	493.335,119.016,16.991
4		0.06,0.06,60	60	531.743,490.705,337.328	264.794,138.525,73.070
5		0.08,0.08,80	60	772.183,619.080,230.183	441.849,59.638,56.942
6		0.1,0.1,100	60	925.165,811.449,371.656	381.848,593.091,1 183.806
7		0,0,0	300	8.051,6.320,72.019	58.671,43.178,30.803
8		0.02,0.02,20	300	202.712,261.944,124.424	115.302,44.479,88.480
9		0.04,0.04,40	300	480.054,441.711,243.157	107.879,63.687,153.587
10		0.06,0.06,60	300	688.391,579.788,266.369	110.067,46.353,97.748
11		0.08,0.08,80	300	875.934,1 278.104,352.018	316.791,41.704,116.823
12		0.1,0.1,100	300	990.637,1 212.771,433.194	123.001,18.310,130.607

续表

序号	空间目标类型	AER 误差/(°,°,m)	时长/s	拟合残差/(″,″,m)	位置误差/(m,m,m)
13	中轨空间目标	0,0,0	60	0.006,0.011,0.884	14.027,269.699,71.088
14		0.02,0.02,20	60	172.311,177.174,51.683	574.464,1 414.902,383.958
15		0.04,0.04,40	60	347.005,368.352,98.323	986.697,195.903,882.960
16		0.06,0.06,60	60	202.929,203.952,49.547	923.240,1 539.532,45.524
17		0.08,0.08,80	60	979.365,737.543,242.758	1 343.199,1 153.484,500.522
18		0.1,0.1,100	60	1 018.737,633.201,298.674	3 082.586,4 749.335,205.240
19		0,0,0	300	0.025,0.052,4.469	17.706,273.849,71.169
20		0.02,0.02,20	300	264.128,206.904,72.774	267.614,846.218,258.533
21		0.04,0.04,40	300	554.892,486.756,109.916	178.054,457.192,306.737
22		0.06,0.06,60	300	766.324,750.598,344.217	550.250,435.475,736.056
23		0.08,0.08,80	300	765.283,912.136,359.414	734.725,1 140.408,783.620
24		0.1,0.1,100	300	1 349.395,1 147.967,417.929	1 721.264,1 788.690,2 445.650

续表

序号	空间目标类型	AER误差/(°,°,m)	时长/s	拟合残差/(″,″,m)	位置误差/(m,m,m)
25	高轨空间目标	0,0,0	60	2.352,4.087,673.804	766.878,225.094,131.982
26		0.02,0.02,20	60	166.708,161.305,544.983	915.506,2 147.972,1 472.101
27		0.04,0.04,40	60	418.051,326.317,968.651	121.994,5 619.540,4 986.743
28		0.06,0.06,60	60	433.526,575.963,944.039	1 353.897,4 595.734,6 297.604
29		0.08,0.08,80	60	791.891,744.530,354.953	1 266.521,4 939.107,1 995.832
30		0.1,0.1,100	60	873.266,1 030.508,3 208.541	3 352.090,325.026,1 015.685
31		0,0,0	300	5.689,8.935,354.518	682.598,1 271.843,105.429
32		0.02,0.02,20	300	185.576,289.157,188.340	346.457,1 089.942,722.945
33		0.04,0.04,40	300	518.705,427.476,1 220.172	700.728,1 163.181,2 143.069
34		0.06,0.06,60	300	724.250,554.870,626.935	1 360.284,4 844.286,3 035.816
35		0.08,0.08,80	300	830.419,797.939,1 089.319	1 376.936,2 254.041,313.599
36		0.1,0.1,100	300	1 113.052,1 236.305,1 751.874	2 025.797,876.201,2 875.300

注：1. 测站仿真位置(E110°,N40°,H 0m)。
2. 空间目标开普勒根数对应为(a,e,i,Ω,ω,M)。
3. 低轨空间目标开普勒根数(6 878.1 km,0.01,50°,100°,20°,50°)。
4. 中轨空间目标开普勒根数(26 378.1 km,0.01,50°,100°,20°,50°)。
5. 高轨空间目标开普勒根数(42 216 km,0.01,0.2°,100°,20°,50°)。
6. 空间目标3次探测数据在24 h内基本均匀间隔分布。

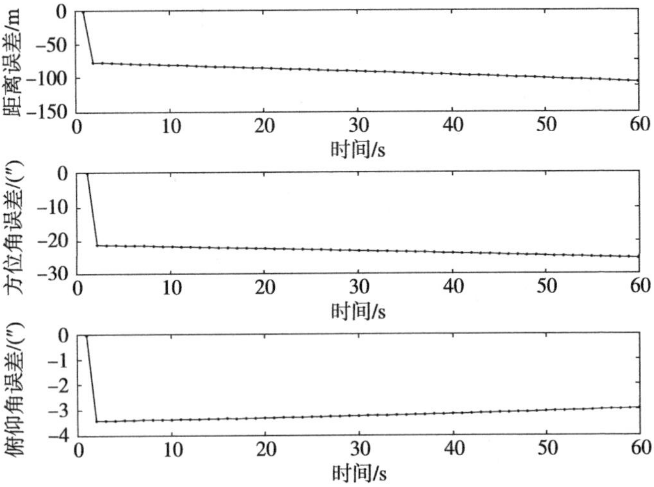

图 4-1　1 min 无误差数据低轨定轨拟合误差

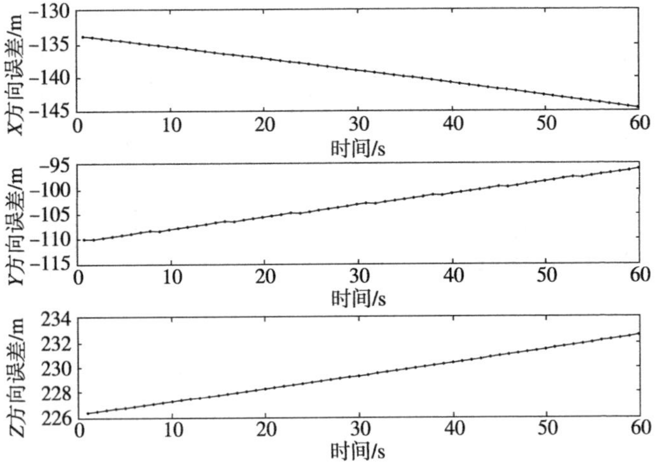

图 4-2　1 min 无误差数据低轨定轨位置误差

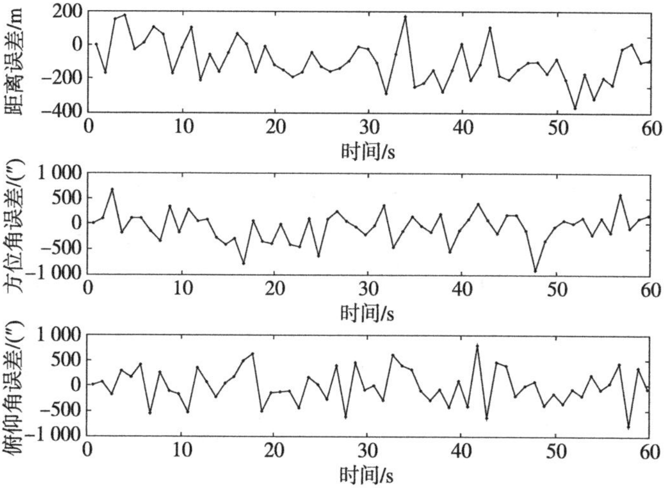

图 4-3　1 min 有误差数据低轨定轨拟合误差

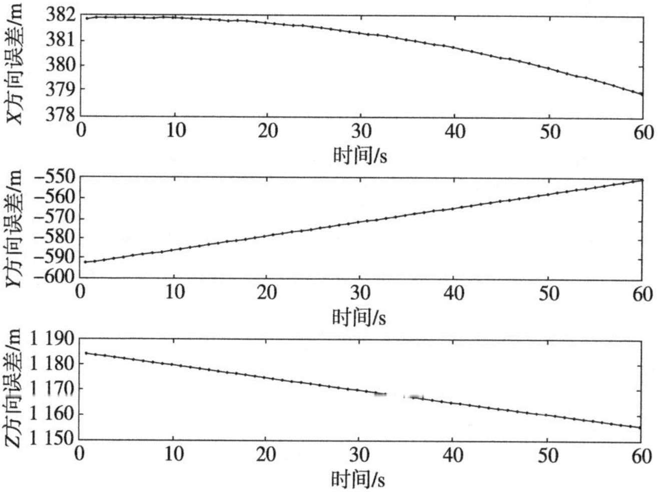

图 4-4　1 min 有误差数据低轨定轨位置误差

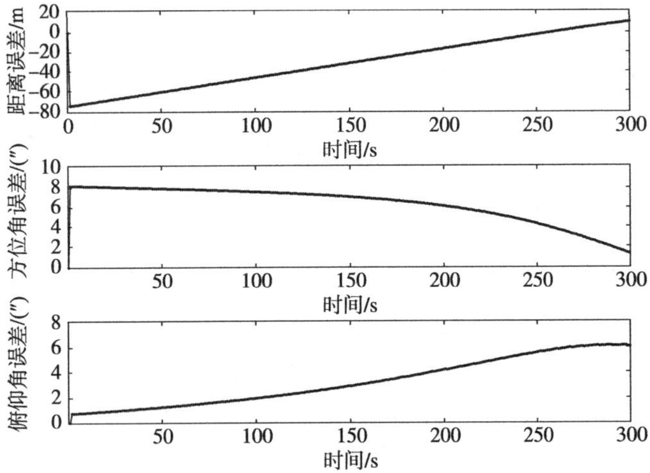

图 4-5　5 min 无误差数据低轨定轨拟合误差

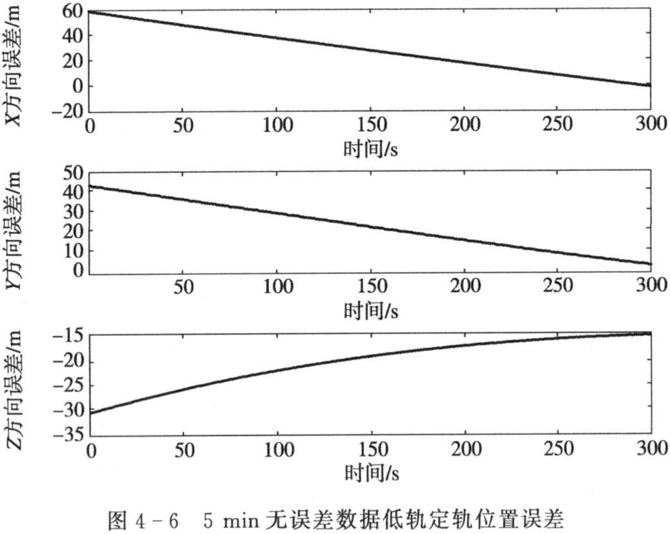

图 4-6　5 min 无误差数据低轨定轨位置误差

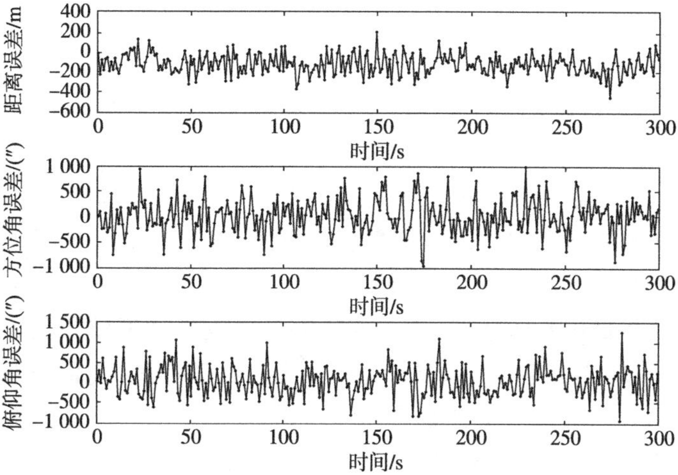

图 4 - 7　5 min 有误差数据低轨定轨拟合误差

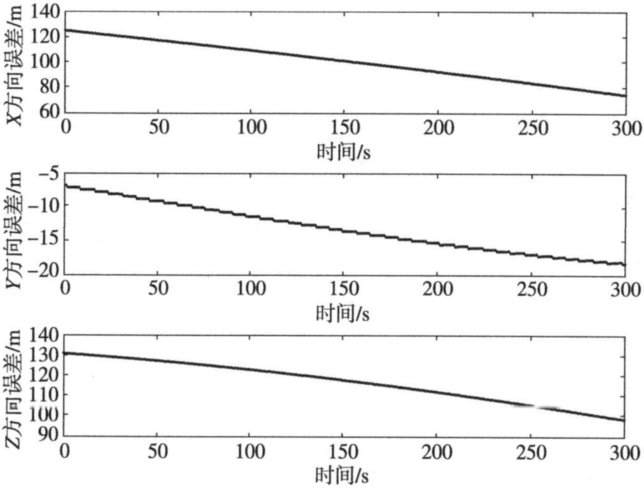

图 4 - 8　5 min 有误差数据低轨定轨位置误差

4.4.2 中轨空间目标

计算轨道高度约 2 000 km 的空间目标在 1 min、5 min 不同时长下，以 1 Hz 频率获取的观测数据，不设置误差，或叠加 0.1°测角标准差、100 m 测距标准差，进行初轨确定，计算观测数据拟合误差、初轨位置误差（J2000 坐标系）。由图 4－9～图 4－16 可见，在观测数据不考虑误差的情况下，5 min 观测数据的计算结果优于 1 min 观测数据的计算结果；在观测数据考虑误差的情况下，标准差为 0.1°测角、100 m 测距时，对初轨确定存在千米级的误差影响。

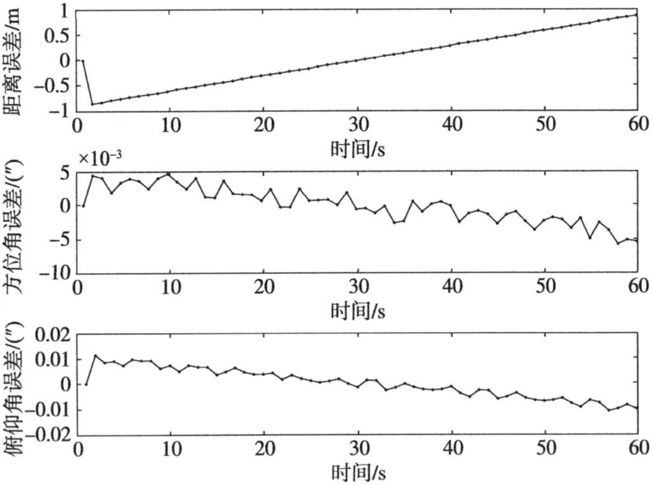

图 4－9　1 min 无误差数据中轨定轨拟合误差

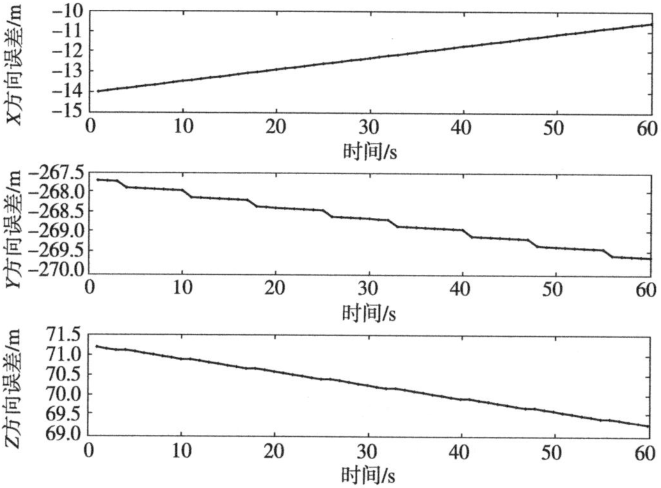

图 4-10　1 min 无误差数据中轨定轨位置误差

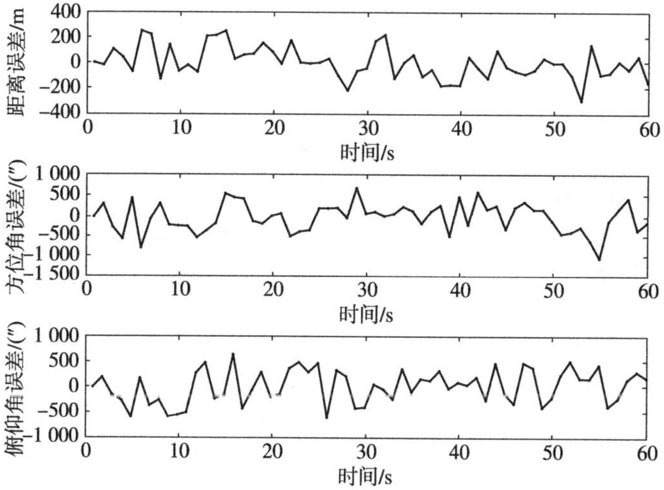

图 4-11　1 min 有误差数据中轨定轨拟合误差

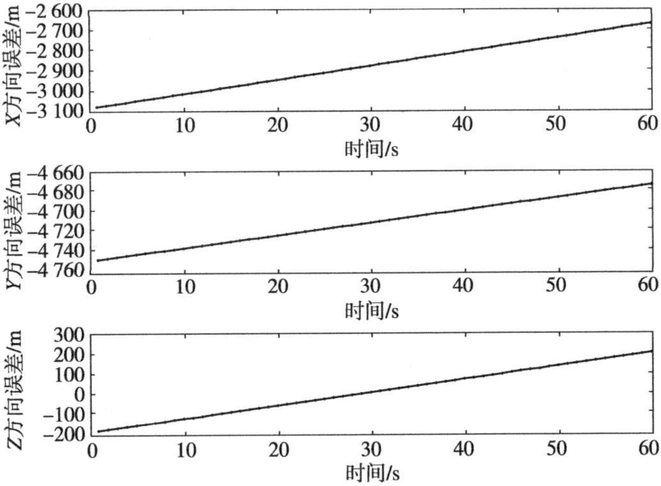

图 4－12　1 min 有误差数据中轨定轨位置误差

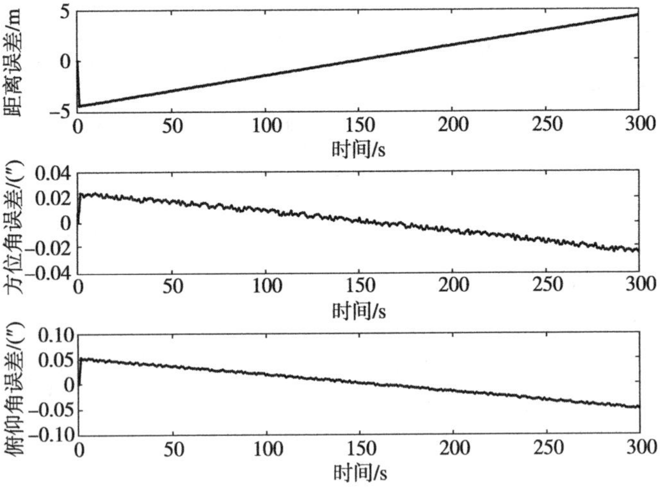

图 4－13　5 min 无误差数据中轨定轨拟合误差

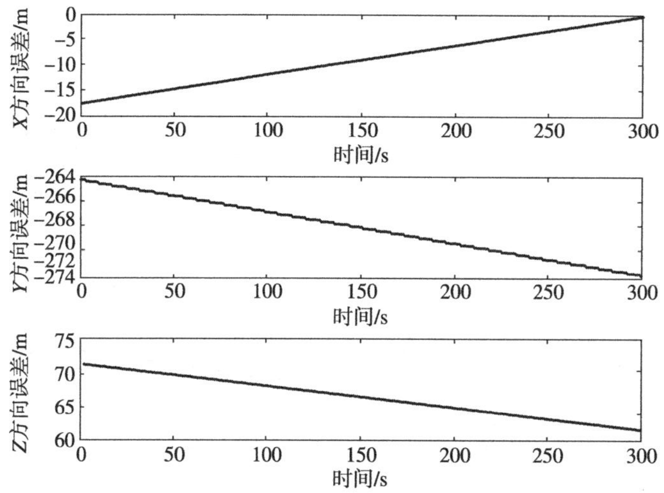

图 4-14　5 min 无误差数据中轨定轨位置误差

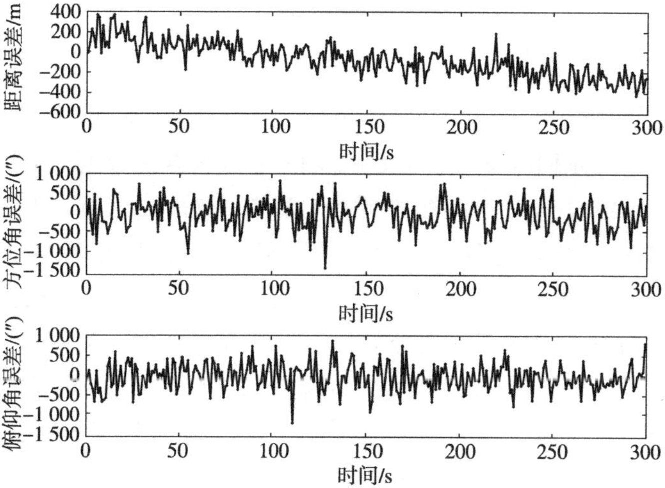

图 4-15　5 min 有误差数据中轨定轨拟合误差

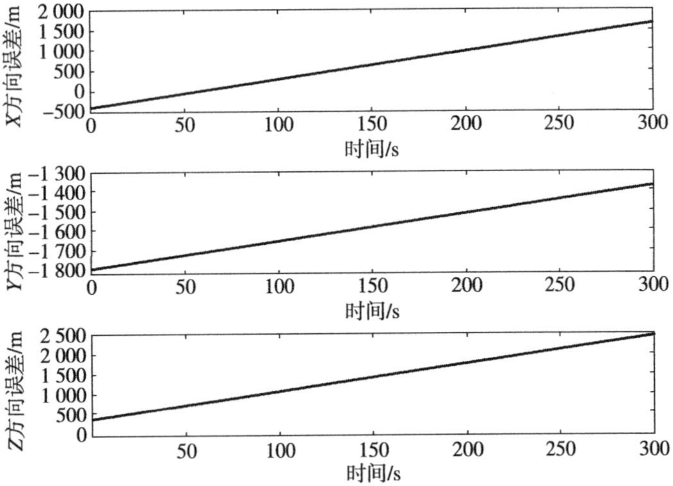

图 4-16　5 min 有误差数据中轨定轨位置误差

4.4.3　高轨空间目标

计算轨道高度约 36 000 km 的空间目标在 1 min、5 min 不同时长下，以 1 Hz 频率获取的观测数据，不设置误差，或设置标准差为 0.1°测角、100 m 测距，进行初轨确定，计算观测数据拟合误差、初轨位置误差(J2000 坐标系)。由图 4-17～图 4-24 可见，在观测数据不考虑误差的情况下，1 min 观测数据的计算结果与 5 min 观测数据的计算结果基本一致；在观测数据考虑误差的情况下，标准差为 0.1°测角、100 m 测距时，对初轨确定存在千米级的误差影响。

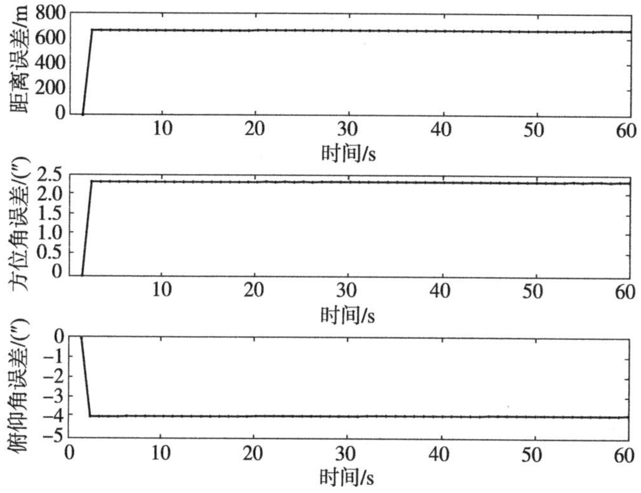

图4-17　1 min无误差数据高轨定轨拟合误差

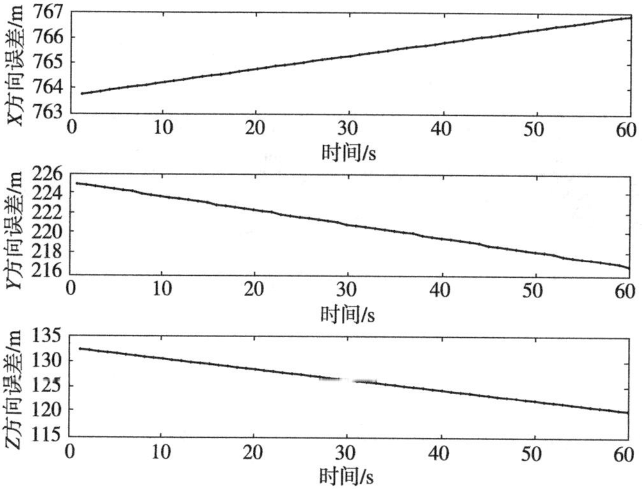

图4-18　1 min无误差数据高轨定轨位置误差

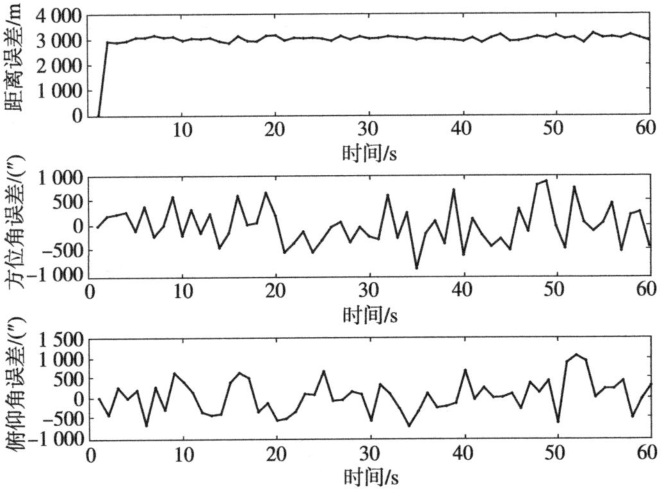

图 4-19　1 min 有误差数据高轨定轨拟合误差

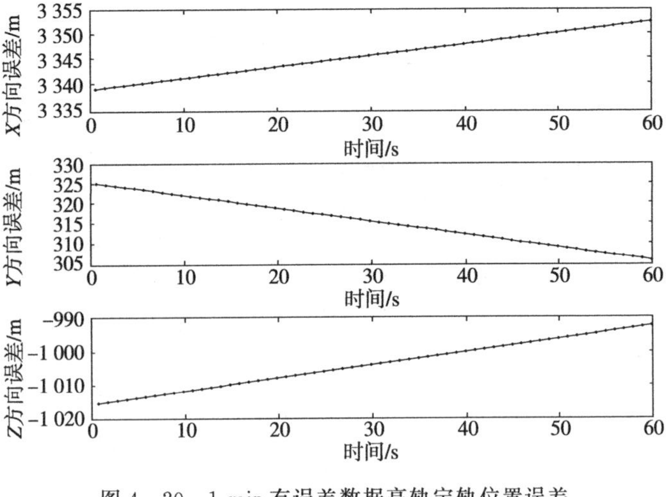

图 4-20　1 min 有误差数据高轨定轨位置误差

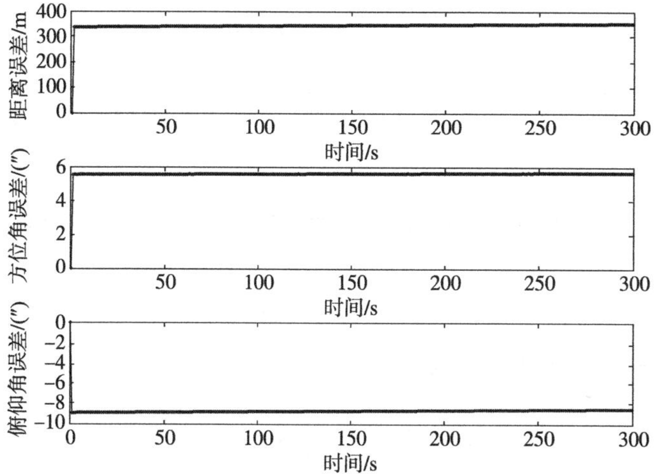

图 4 - 21　5 min 无误差数据高轨定轨拟合误差

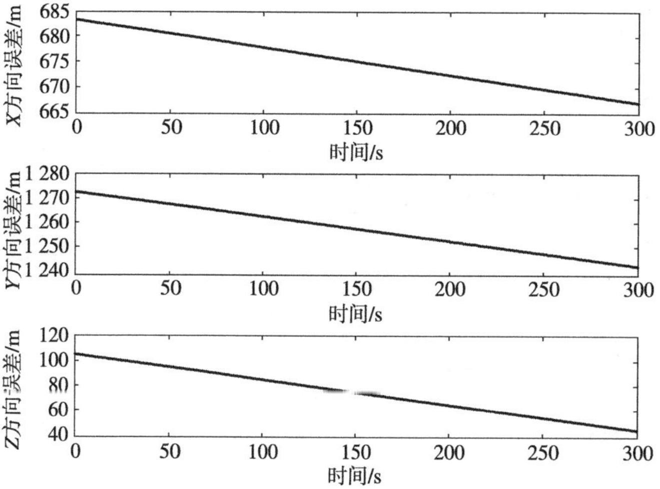

图 4 - 22　5 min 无误差数据高轨定轨位置误差

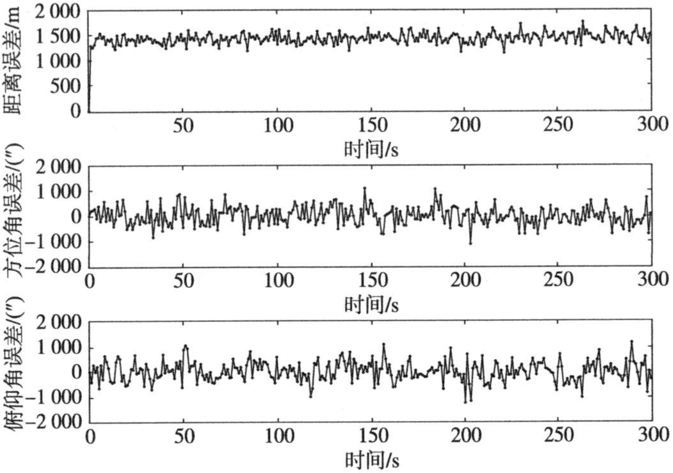

图 4-23　5 min 有误差数据高轨定轨拟合误差

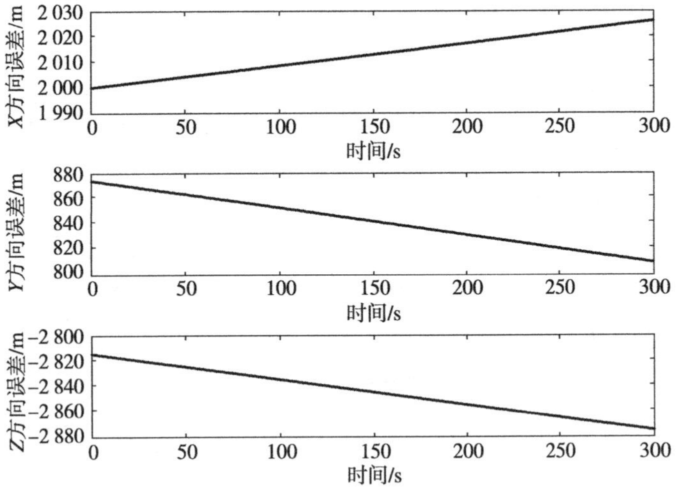

图 4-24　5 min 有误差数据高轨定轨位置误差

参 考 文 献

[1] 吴连大. 人造卫星与空间碎片的轨道和探测 [M]. 北京：国防工业出版社，2011：63，94-97，130-134.

[2] 陈磊，韩蕾，白显宗，等. 空间目标轨道力学与误差分析 [M]. 北京：国防工业出版社，2010：15-24.

[3] 刘林，汤靖师. 卫星轨道理论与应用 [M]. 北京：电子工业出版社，2015：51-55.

[4] 刘林，侯锡云. 深空探测器轨道力学 [M]. 北京：电子工业出版社，2012：25-29.

第5章　空间目标姿态分析

5.1　姿态指向计算

空间目标姿态是反映空间目标运行状态是否正常的重要参数[1-8]。利用空间目标图像，能够有效提取空间目标运行姿态。利用单帧图像计算空间目标姿态的方法包括基于几何结构[9]、基于模型匹配[10]、基于观测投影[11]和姿态估计[12-14] 等。其中，基于观测投影方法通过提取图像特征，建立图像特征与空间目标姿态的映射关系，具有不受空间目标外观形状影响的优势，是空间目标姿态计算的有效方法。在描述空间目标姿态时，采用从空间目标轨道坐标系转换到本体坐标系的旋转欧拉角[14]，来表示空间目标的俯仰角、偏航角、滚动姿态角，采用姿态角误差均方根作为姿态角误差的评估参数。计算姿态角误差可采用的方法有泰勒（Taylor）级数展开法、蒙特卡罗法（Monte-Carlo）、数值积分法、数论法等[15]。泰勒级数展开法需计算函数的导数，一般只进行低阶（3阶以下）的展开计算。蒙特卡罗法采用随机抽样统计均值、标准差，其原理简单，但抽样次数需尽量大才能接近理论均值、标准差。数值积分法适用于线性与非线性函数，但计算流程复杂，待定参数较多，导致应用较少。数论法采用好格子点进行抽样统计，相比于蒙特卡罗法计算效率更高。

本章采用基于数论法[16] 的空间目标姿态计算精度分析方法，具体而言，借助数论法中的好格子点来模拟空间目标姿态计算所需的输入数据，分析利用空间目标成像平行线提取方式计算空间目标姿态精度，支撑空间目标运行姿态与空间目标图像之间的匹配精度分析。

5.1.1　空间目标图像建模

如图 5-1 中，(u_i, v_i) 代表空间目标轮廓特征线段上的点位置，也可能是本体轮廓特征线段上的点位置，或者是太阳帆板阵列之间特征线段上的点位置，是相对于图片左上角的横坐标、纵坐标。模型本体坐标系的三个方向可以按需定义，一般定义太阳帆板主轴为 y 方向，本体主轴方向为 x 方向，x 方向与 y 方向的叉乘为 z 方向。

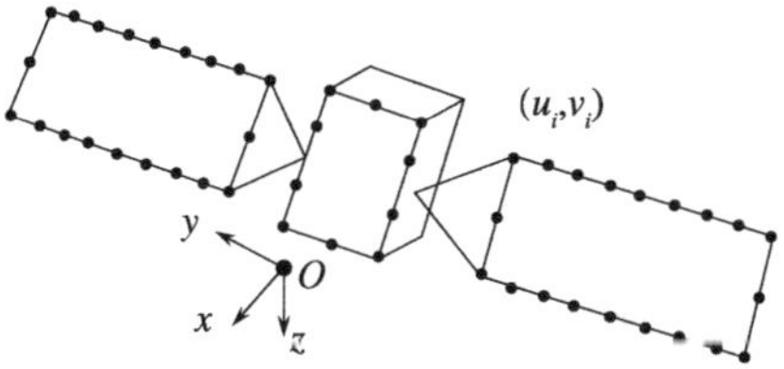

图 5-1　空间目标本体坐标系与图像坐标定义

根据观测相机不同观测指向、空间目标不同转动方向，需要仿真空间目标在三个本体坐标轴方向上的帆板点坐标、本体点坐标，按照 321 旋转顺序（旋转顺序可以调整设定）转动轨道坐标系[10] 得 M_o ：

$$M_o = M_x(\gamma) M_y(\beta) M_z(\alpha) \tag{5-1}$$

式中，$M_x(\gamma)$ ，$M_y(\beta)$ ，$M_z(\alpha)$ 分别为沿本体坐标系 x，y，z 轴旋转 γ，β，α 的欧拉角。

设观测相机坐标系的平移矩阵[14] 为 $\boldsymbol{T}$ ：

$$\boldsymbol{T} = \begin{pmatrix} 1 & 0 & 0 & n_x \\ 0 & 1 & 0 & n_y \\ 0 & 0 & 1 & n_z \\ 0 & 0 & 0 & 1 \end{pmatrix} \tag{5-2}$$

式中，n_x ，n_y ，n_z 为观测相机像点到空间目标质心矢量在轨道坐标系的坐标。

空间目标轨道坐标系相对于观测相机坐标系 321 旋转顺序（旋转顺序可以调整设定）矩阵为 $\boldsymbol{M}_r$ ：

$$\boldsymbol{M}_r = \begin{pmatrix} r_{11} & r_{12} & r_{13} & 0 \\ r_{21} & r_{22} & r_{23} & 0 \\ r_{31} & r_{32} & r_{33} & 0 \\ 0 & 0 & 0 & 1 \end{pmatrix} \tag{5-3}$$

式中，r_{ij} 为观测相机坐标系到轨道坐标系旋转矩阵的元素。

设空间目标观测相机参数矩阵[14] 为 $\boldsymbol{M}_c$ ：

$$\boldsymbol{M}_c = \begin{pmatrix} f & 0 & C_x & 0 \\ 0 & f & C_y & 0 \\ 0 & 0 & 1 & 0 \end{pmatrix} \tag{5-4}$$

根据透视变换原理，空间目标图像像素（u_{ij}，v_{ij}）坐标为：

$$\lambda[u_{ij}, v_{ij}, 1, 0]^{\mathrm{T}} = \boldsymbol{M}_c \boldsymbol{M}_r \boldsymbol{T} \boldsymbol{M}_o \boldsymbol{R}_b \tag{5-5}$$

式中，λ 为 $\boldsymbol{M}_c \boldsymbol{M}_r \boldsymbol{T} \boldsymbol{M}_o \boldsymbol{R}_b$ 的第三个元素；$\boldsymbol{R}_b$ 的前三个元素为空间目标本体坐标系坐标，第四个元素为 1。

针对三维空间一个维度方向对应的图像，取出 n 条（2 条或以上）平行线段，n 条线段矢量端点表示为矩阵 $\boldsymbol{A}$：

$$\boldsymbol{A} = \begin{bmatrix} u_{11} & v_{11} & u_{12} & v_{12} \\ \cdots & \cdots & \cdots & \cdots \\ u_{i1} & v_{i1} & u_{i2} & v_{i2} \\ \cdots & \cdots & \cdots & \cdots \\ u_{n1} & v_{n1} & u_{n2} & v_{n2} \end{bmatrix} \quad 1 \leqslant i \leqslant n \tag{5-6}$$

式中，（u_{i1}，v_{i1}）为线段起点的横坐标、纵坐标；（u_{i2}，v_{i2}）为线段终点的横坐标、纵坐标。

5.1.2　数论法误差模拟

数论法抽样是数论与近似相结合的方法，其实质是在多维空间找到概率均匀散布点集，来代替蒙特卡罗法的随机抽样点集。对于基于空间目标成像的姿态计算，图像特征点横坐标、纵坐标存在随机误差。单帧图像提取出的 s 个特征点含有 $2s$ 个随机变量。在单位空间采用生成矢量（n，h_1，…，h_{2s}）生成 n 组随机矢量 $\boldsymbol{X}$，模拟 s 个特征点含有的 $2s$ 个随机变量[16]：

$$\begin{cases} q_{ki} = kh_i (\bmod n) \\ x_{ki} = (2q_{ki} - 1)/(2n) \\ p_{ki} = F^{-1}(x_{ki}) \end{cases} \quad \begin{matrix} k = 1, \cdots, n \\ i = 1, \cdots, 2s \end{matrix} \tag{5-7}$$

式中，mod 表示求余数；F 表示特征点横坐标、纵坐标对应的分布函数，$F^{-1}(x_{ki})$ 表示概率为 x_{ki} 时的随机变量大小。

针对 n 条线段矢量端点矩阵 $\boldsymbol{A}$ 的每个元素，分别对应叠加随机变量 εp_{ki}，ε 为观测相机成像靶面分辨率。通过起点（u_{i1}，v_{i1}）、终点（u_{i2}，v_{i2}），计算线段矢量对应的直线方程：

$$a_i u + b_i v + c_i = 0 \quad 1 \leqslant i \leqslant n \tag{5-8}$$

式中，（a_i，b_i，c_i）如下：

$$\begin{cases} a_i = v_{i2} - v_{i1} \\ b_i = u_{i1} - u_{i2} \\ c_i = (v_{i1} - v_{i2}) u_{i1} + (u_{i2} - u_{i1}) v_{i1} \end{cases} \quad 1 \leqslant i \leqslant n \tag{5-9}$$

利用三维空间垂直关系特征，开展直线（a_i，b_i，c_i）之间的垂直关系分组，得到 m_1 条平行直线集合及 m_2 条垂直直线集合，$n = m_1 + m_2$。

5.1.3　法线指向矢量计算

基于图像线段矢量计算过观测相机主点平面的法线指向矢量，构建法线指向矢量矩阵 $\boldsymbol{H}$：

$$\boldsymbol{H}=\begin{pmatrix} X_1 & Y_1 & Z_1 \\ \cdots & \cdots & \cdots \\ X_i & Y_i & Z_i \\ \cdots & \cdots & \cdots \\ X_n & Y_n & Z_n \end{pmatrix} \quad 1\leqslant i\leqslant n \tag{5-10}$$

式中，法线指向矢量（X_i，Y_i，Z_i）如下[14]：

$$X_i=a_i fr_{11}+a_i C_x r_{31}+b_i fr_{21}+b_i C_y r_{31}+c_i r_{31} \tag{5-11}$$

$$Y_i=a_i fr_{12}+a_i C_x r_{32}+b_i fr_{22}+b_i C_y r_{32}+c_i r_{32} \tag{5-12}$$

$$Z_i=a_i fr_{13}+a_i C_x r_{33}+b_i fr_{23}+b_i C_y r_{33}+c_i r_{33} \tag{5-13}$$

针对 m_1 条平行直线（a_i，b_i，c_i）集合对应的指向矢量（X_i，Y_i，Z_i），两两叉乘，得到 m_1-1 条法线指向矢量（A_i，B_i，C_i）。针对 m_2 条垂直直线（a_i，b_i，c_i）集合对应的法线指向矢量（X_i，Y_i，Z_i），两两叉乘，得到 m_2-1 条矢量（E_i，F_i，G_i）。

将 m_1 条平行直线（a_i，b_i，c_i）集合对应的法线指向矢量（X_i，Y_i，Z_i），与 m_2-1 条叉乘矢量（E_i，F_i，G_i）合并为法线指向矢量矩阵 $\boldsymbol{M}_1$，用于进行奇异值分解；将 m_2 条垂直直线（a_i，b_i，c_i）集合对应的法线指向矢量（X_i，Y_i，Z_i），与 m_1-1 条叉乘矢量（A_i，B_i，C_i）合并为法线指向矢量矩阵 $\boldsymbol{M}_2$，用于进行奇异值分解。

$$\boldsymbol{M}_1 = \begin{pmatrix} X_1 & Y_1 & Z_1 \\ \cdots & \cdots & \cdots \\ X_i & Y_i & Z_i \\ \cdots & \cdots & \cdots \\ X_{m_1} & Y_{m_1} & Z_{m_1} \\ E_1 & F_1 & G_1 \\ \cdots & \cdots & \cdots \\ E_j & F_j & G_j \\ \cdots & \cdots & \cdots \\ E_{m_2-1} & F_{m_2-1} & G_{m_2-1} \end{pmatrix} \quad \begin{matrix} 1 \leqslant i \leqslant m_1 \\ 1 \leqslant j \leqslant m_2 - 1 \end{matrix} \tag{5-14}$$

$$\boldsymbol{M}_2 = \begin{pmatrix} X_{m_1+1} & Y_{m_1+1} & Z_{m_1+1} \\ \cdots & \cdots & \cdots \\ X_i & Y_i & Z_i \\ \cdots & \cdots & \cdots \\ X_n & Y_n & Z_n \\ A_1 & B_1 & C_1 \\ \cdots & \cdots & \cdots \\ A_j & B_j & C_j \\ \cdots & \cdots & \cdots \\ A_{m_1-1} & B_{m_1-1} & C_{m_1-1} \end{pmatrix} \quad \begin{matrix} m_1 + 1 \leqslant i \leqslant n \\ 1 \leqslant j \leqslant m_1 - 1 \end{matrix} \tag{5-15}$$

5.1.4　指向角度计算

分别对法线指向矩阵 $\boldsymbol{M}_1$、$\boldsymbol{M}_2$ 进行奇异值分解[17]，见式（5－16）、式（5－17）。选取最小奇异值对应特征矢量[18] 作为姿态旋转矢量。

$$\boldsymbol{M}_1=\boldsymbol{U}_1\boldsymbol{S}_1\boldsymbol{V}_1^{\mathrm{T}} \tag{5-16}$$

$$\boldsymbol{M}_2=\boldsymbol{U}_2\boldsymbol{S}_2\boldsymbol{V}_2^{\mathrm{T}} \tag{5-17}$$

式中，$\boldsymbol{S}_1$，$\boldsymbol{S}_2$ 为奇异值矩阵；$\boldsymbol{U}_1$，$\boldsymbol{U}_2$，$\boldsymbol{V}_1$，$\boldsymbol{V}_2$ 为标准正交矩阵。取出 $\boldsymbol{S}_1$ 中最小奇异值对应 $\boldsymbol{V}_1$ 中的特征矢量 $\boldsymbol{r}_1=(x_1,\ y_1,\ z_1)^{\mathrm{T}}$ 代表本体坐标系 x 轴旋转指向；取出 $\boldsymbol{S}_2$ 中最小奇异值对应 $\boldsymbol{V}_2$ 中的特征矢量 $\boldsymbol{r}_2=(x_2,\ y_2,\ z_2)^{\mathrm{T}}$ 代表本体坐标系 y 轴旋转指向，根据式（5－18）叉乘得到 $\boldsymbol{r}_3=(x_3,\ y_3,\ z_3)^{\mathrm{T}}$ 代表本体坐标系 z 轴旋转指向，与 $\boldsymbol{r}_1$、$\boldsymbol{r}_2$ 构建从轨道坐标系到本体的姿态旋转矩阵 $\boldsymbol{M}_b$ 。根据 $\boldsymbol{M}_b$ 按照坐标轴 321 旋转顺序（旋转顺序可以调整设定）求取从轨道坐标系到模型本体坐标系的旋转欧拉角，作为空间目标的俯仰角、偏航角、滚动姿态角，据此可以统计三个角对应的均方根误差，或采用四元数[19] 旋转角度差统计姿态指向均方根误差。

$$\boldsymbol{r}_3=\boldsymbol{r}_1\times\boldsymbol{r}_2=(x_3,y_3,z_3)^{\mathrm{T}} \tag{5-18}$$

$$\boldsymbol{M}_b=\begin{pmatrix} x_1 & x_2 & x_3 \\ y_1 & y_2 & y_3 \\ z_1 & z_2 & z_3 \end{pmatrix} \tag{5-19}$$

若以 $\boldsymbol{r}_1$ 代表本体坐标系 x 轴旋转指向，$\boldsymbol{r}_2$ 代表本体

坐标系 z 轴旋转指向，则构建姿态旋转矩阵 $\boldsymbol{M}_b$ ：

$$\boldsymbol{r}_3=\boldsymbol{r}_2\times\boldsymbol{r}_1=(x_3,y_3,z_3)^{\mathrm{T}} \tag{5-20}$$

$$\boldsymbol{M}_b=\begin{pmatrix} x_1 & x_3 & x_2 \\ y_1 & y_3 & y_2 \\ z_1 & z_3 & z_2 \end{pmatrix} \tag{5-21}$$

若以 $\boldsymbol{r}_1$ 代表本体坐标系 y 轴旋转指向，$\boldsymbol{r}_2$ 代表本体坐标系 z 轴旋转指向，则构建姿态旋转矩阵 $\boldsymbol{M}_b$ ：

$$\boldsymbol{r}_3=\boldsymbol{r}_1\times\boldsymbol{r}_2=(x_3,y_3,z_3)^{\mathrm{T}} \tag{5-22}$$

$$\boldsymbol{M}_b=\begin{pmatrix} x_3 & x_1 & x_2 \\ y_3 & y_1 & y_2 \\ z_3 & z_1 & z_2 \end{pmatrix} \tag{5-23}$$

5.2　姿态旋转计算

5.2.1　透视投影成像

设图像已完成畸变校正，在空间目标本体坐标系 $O_oX_oY_oZ_o$ 有特征点 $\boldsymbol{P}_i=(P_{xi}\quad P_{yi}\quad P_{zi})^{\mathrm{T}}$，$i=1$，…，$n$，$n\geqslant 3$。$n$ 个特征点在相机坐标系 $O_cX_cY_cZ_c$ 中归一化像平面的坐标为 $\boldsymbol{G}_i=(u_i\quad v_i\quad 1)^{\mathrm{T}}$。设由 $O_oX_oY_oZ_o$ 到 $O_cX_cY_cZ_c$ 的平移量为 $\boldsymbol{T}=(T_x\quad T_y\quad T_z)^{\mathrm{T}}$，旋转量利用单位四元数 $\boldsymbol{q}=(q_0\quad q_1\quad q_2\quad q_3)^{\mathrm{T}}$ 表示，对应旋转矩阵为：

$$\boldsymbol{R}=\begin{pmatrix} q_0^2+q_1^2-q_2^2-q_3^2 & 2(q_1q_2+q_3q_0) & 2(q_1q_3-q_2q_0) \\ 2(q_1q_2-q_3q_0) & q_0^2-q_1^2+q_2^2-q_3^2 & 2(q_2q_3+q_1q_0) \\ 2(q_1q_3+q_2q_0) & 2(q_2q_3+q_1q_0) & q_0^2-q_1^2-q_2^2+q_3^2 \end{pmatrix} \tag{5-24}$$

根据透视投影原理，基于特征点 $\boldsymbol{P}_i$ 、旋转矩阵 $\boldsymbol{R}$ 、平移量 $\boldsymbol{T}$ ，成像点元为

$$\boldsymbol{G}_i=\boldsymbol{R}\boldsymbol{P}_i+\boldsymbol{T} \tag{5-25}$$

5.2.2　姿态迭代计算

（1）启动迭代计算

设采样周期为 ΔT ，对于 $k\Delta T$ 时观测值 $\boldsymbol{G}_{ki}$ ，取任意单位四元数 $\boldsymbol{q}_k$ 和平移量 $\boldsymbol{T}_k$ ，利用式（5－24）计算 $\boldsymbol{R}_k$ ，利用下式计算 $\boldsymbol{s}_{ki}$ 和 $\boldsymbol{W}_{ki}$ ：

$$\boldsymbol{s}_{ki}=\frac{(u_{ki} \quad v_{ki} \quad 1)^{\mathrm{T}}}{\sqrt{u_{ki}^2+v_{ki}^2+1}} \tag{5-26}$$

$$\boldsymbol{W}_{ki}=\begin{pmatrix} u_{ki}^2 & u_{ki}v_{ki} & u_{ki} \\ u_{ki}v_{ki} & v_{ki}^2 & v_{ki} \\ u_{ki} & v_{ki} & 1 \end{pmatrix}/(u_{ki}^2+v_{ki}^2+1) \tag{5-27}$$

计算平移量 $\boldsymbol{T}_k$ ：

$$\boldsymbol{T}_k=\frac{1}{n}\left(\boldsymbol{I}-\frac{1}{n}\sum_{i=1}^{n}\boldsymbol{W}_{ki}\right)^{-1}\sum_{i=1}^{n}(\boldsymbol{W}_{ki}-\boldsymbol{I})\boldsymbol{R}_k\boldsymbol{P}_{ki} \tag{5-28}$$

计算特征点估计值 $\boldsymbol{Pc}_{ki}$ ：

$$\boldsymbol{Pc}_{ki}=\boldsymbol{s}_{ki}^{\mathrm{T}}(\boldsymbol{R}_k\boldsymbol{P}_{ki}+\boldsymbol{T}_k)\boldsymbol{s}_{ki} \tag{5-29}$$

（2）计算相关矩阵

计算均值向量 $\boldsymbol{EP}$ 、$\boldsymbol{EG}$ ：

$$\boldsymbol{EP}=\sum_{i=1}^{n}\boldsymbol{P}_{ki}/n,\boldsymbol{EG}=\sum_{i=1}^{n}\boldsymbol{Pc}_{ki}/n \tag{5-30}$$

计算相关矩阵 $\boldsymbol{H}_x$ ：

$$\boldsymbol{H}_x=\frac{1}{n}\sum_{i=1}^{n}(\boldsymbol{Pc}_{ki}-\boldsymbol{EG})(\boldsymbol{P}_{ki}-\boldsymbol{EP})^{\mathrm{T}} \tag{5-31}$$

（3）更新旋转矩阵

计算旋转矩阵 $\boldsymbol{R}_k$ ，并计算四元数 $\boldsymbol{q}_k$ ：

$$(\boldsymbol{U}\quad\boldsymbol{D}\quad\boldsymbol{V})=\mathrm{svd}(\boldsymbol{H}_x),\boldsymbol{R}_k=\boldsymbol{USV}^{\mathrm{T}} \tag{5-32}$$

$$\boldsymbol{S}=\begin{cases}\boldsymbol{I},\det(\boldsymbol{UV}^{\mathrm{T}})=1\\ \mathrm{diag}(1,1,\cdots,1,-1),\det(\boldsymbol{UV}^{\mathrm{T}})=-1\end{cases} \tag{5-33}$$

（4）结果判决

根据绝对方位误差计算空间目标函数：

$$E_k=\sum_{i=1}^{n}\left\|\boldsymbol{Pc}_{ki}-(\boldsymbol{R}_k\boldsymbol{P}_{ki}+\boldsymbol{T}_k)\right\|^2 \tag{5-34}$$

如果误差大于预先设定门限 e ，则利用新的旋转矩阵和平移量代替初始的旋转矩阵和平移量，从“（1）启动迭代计算”重新开始迭代；否则迭代结束，取最新四元数 $\boldsymbol{q}_k$ 作为当前姿态指向。

5.2.3　旋转速度估计

（1）状态方程

取四元数 $\boldsymbol{q}_k$ 和四元数导数 $\dot{\boldsymbol{q}}_k$ 作为状态矢量 $\boldsymbol{X}_k=(\dot{\boldsymbol{q}}_k \quad \boldsymbol{q}_k)^{\mathrm{T}}$。以三阶样条函数表示四元数和四元数导数曲线的变化，即以 $\boldsymbol{X}_{ak}$，$\boldsymbol{X}_{vk}$，$\boldsymbol{X}_{pk}$ 表示四元数各分量变化曲线的 2、1、0 阶导数。$\boldsymbol{S}_k$ 为四元数 2 阶导数的变化率，ΔT 内为常值。根据积分关系可得离散化的状态方程：

$$\boldsymbol{X}_{k+1}=\boldsymbol{\phi}\boldsymbol{X}_k+\boldsymbol{B}\boldsymbol{S}_k+\boldsymbol{\Gamma}\boldsymbol{X}_{ak}+\boldsymbol{W}_k \tag{5-35}$$

其中，$\boldsymbol{W}_k$ 为 8×1 高斯白噪声列向量。

$$\boldsymbol{\phi}=\begin{pmatrix}\boldsymbol{I}_4 & \boldsymbol{0}\\ \boldsymbol{I}_4\Delta T & \boldsymbol{I}_4\end{pmatrix},\boldsymbol{B}=\begin{pmatrix}\boldsymbol{I}_4\Delta T^2/2\\ \boldsymbol{I}_4\Delta T^3/6\end{pmatrix} \tag{5-36}$$

$$\boldsymbol{\Gamma}=\begin{pmatrix}\boldsymbol{I}_4\Delta T\\ \boldsymbol{I}_4\Delta T^2/2\end{pmatrix},\boldsymbol{I}_4=\mathrm{eye}(4) \tag{5-37}$$

（2）观测方程

以四元数 $\boldsymbol{q}_{k+1}$ 为观测量，观测方程为

$$\boldsymbol{Y}_{k+1}=\boldsymbol{H}\boldsymbol{X}_{k+1}+\boldsymbol{V}_{k+1} \tag{5-38}$$

式中，$\boldsymbol{H}$ 为 $(\boldsymbol{0}_4 \quad \boldsymbol{I}_4)$；$\boldsymbol{V}_{k+1}$ 为 4×1 高斯白噪声列向量。

（3）样条滤波

计算状态预测：

$$\boldsymbol{S}_k=[(\boldsymbol{X}_{vk|k}-\boldsymbol{X}_{vk|k-1})/\Delta T-(\boldsymbol{X}_{vk|k-1}-\boldsymbol{X}_{vk-1|k-1})/\Delta T]/\Delta T \tag{5-39}$$

$$\boldsymbol{X}_{ak}=(\boldsymbol{X}_{vk|k}-\boldsymbol{X}_{vk-1|k-1})/\Delta T \tag{5-40}$$

$$\boldsymbol{X}_{k+1|k}=\boldsymbol{\phi}\boldsymbol{X}_{k|k}+\boldsymbol{B}\boldsymbol{S}_k+\boldsymbol{\Gamma}\boldsymbol{X}_{ak} \tag{5-41}$$

状态误差、观测误差补偿参见文献［20］，状态估计为：

$$\boldsymbol{P}_{k+1|k}=\boldsymbol{\phi}\boldsymbol{P}_{k|k}\boldsymbol{\phi}^{\mathrm{T}}+\boldsymbol{Q}_k \tag{5-42}$$

$$\boldsymbol{K}_{k+1}=\boldsymbol{P}_{k+1|k}\boldsymbol{H}^{\mathrm{T}}(\boldsymbol{H}\boldsymbol{P}_{k+1|k}\boldsymbol{H}^{\mathrm{T}}+\boldsymbol{R}_{k+1})^{-1} \tag{5-43}$$

$$\boldsymbol{X}_{k+1|k+1}=\boldsymbol{X}_{k+1|k}+\boldsymbol{K}_{k+1}(\boldsymbol{Y}_{k+1}-\boldsymbol{H}\boldsymbol{X}_{k+1|k}) \tag{5-44}$$

（4）姿态旋转速度估计

根据四元数导数方程求解姿态旋转速度 Ω ：

$$\Omega=2\dot{\boldsymbol{q}}*\overline{\boldsymbol{q}} \tag{5-45}$$

式中，$*$ 为四元数乘法；$\overline{\boldsymbol{q}}$ 为 $\boldsymbol{q}$ 的共轭四元数。

5.3 实现结果

基于图像的空间目标姿态计算误差，与空间目标大小、像元分辨率、像素提取误差、观测相机焦距等多种误差因素相关，多种因素交织影响图像大小、清晰程度，需要设置多种误差因素，逐项开展分析。考虑产生空间目标成像的 3 条平行特征线段，每条长线段有 2 个端点，共 6 个点存在 12 个随机变量。依据数论法设置 12 个维度的生成矢量[21] 为（12，1，18 761，18 096，16 996，15 475，13 549，11 242，8 581，5 596，2 323，17 785，14 053，10 158，6 143)，以此产生像素定位误差，分析空间目标对地定向时姿态计算误差。

空间目标模型姿态匹配流程如图 5－2 所示。

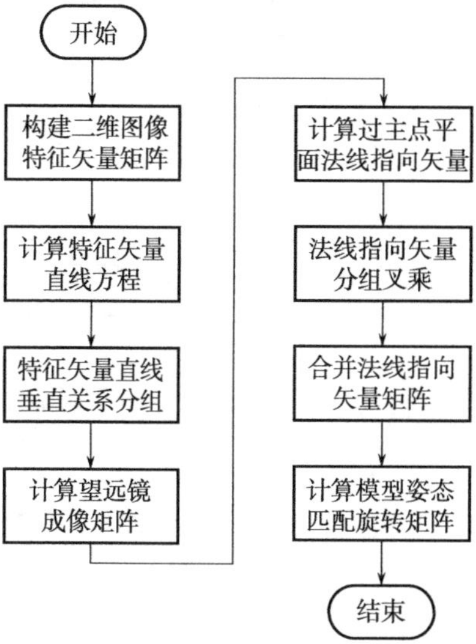

图 5 - 2　空间目标模型姿态匹配流程

5.3.1　空间目标大小与像素误差

设空间目标大小为 15～20 m，速度为（−2.2，6.5，3.5）km/s（J2000）；观测相机位置为（6 392.7，1 609.1，987.2）km（J2000），主点为（0，0），焦距为 6 m，分辨率为 8 μm，线段端点像素标准差为 0.1～0.3 像素。开展 50 000 次蒙特卡罗法抽样，与数论法计算均方根误差对比见表 5 - 1，空间目标姿态角均方根误差变化如图 5 - 3 所示。

表 5-1　姿态角均方根误差对比 1

序号	像素标准差/像素	蒙特卡罗法 RMS/(°)	数论法 RMS/(°)	蒙特卡罗法 RMS/(°)	数论法 RMS/(°)
1	0.1	10.34	10.32	7.50	7.47
2	0.2	44.45	43.58	25.94	26.91
3	0.3	79.04	78.52	58.21	58.47

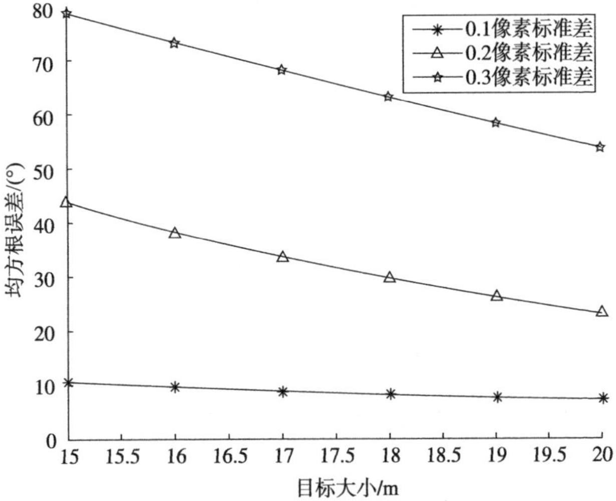

图 5-3　姿态角均方根误差 1

仿真结果显示，采用数论法计算的空间目标姿态角均方根误差相比于蒙特卡罗法，差异小于 4%，具有一定的可信性；像素提取误差对姿态角均方根误差的影响较为明显，当为 0.1 像素标准差时，姿态角均方根误差为

10°左右，具有一定的可用性；空间目标大小对姿态角均方根误差影响不太明显，当为0.2像素标准差时，近百米大小空间目标才能将姿态角均方根误差缩小到10°以内。

5.3.2　分辨率与像素误差

设空间目标大小为20 m，速度为（－2.2，6.5，3.5）km/s（J2000）；观测相机位置为（6 392.7，1 609.1，987.2）km（J2000），主点为（0，0），焦距为6 m，分辨率为5～10 μm，线段端点像素标准差为0.1～0.3像素。开展50 000次蒙特卡罗法抽样，与数论法计算均方根误差对比见表5－2，空间目标姿态角均方根误差变化如图5－4所示。

表5－2　姿态角均方根误差对比2

序号	像素标准差/像素	蒙特卡罗法RMS/(°)	数论法RMS/(°)	蒙特卡罗法RMS/(°)	数论法RMS/(°)
1	0.1	3.89	3.87	8.92	8.89
2	0.2	8.92	8.97	34.95	35.42
3	0.3	18.34	18.19	69.67	69.23

仿真结果显示，采用数论法计算的空间目标姿态角均方根误差相比于蒙特卡罗法，差异小于2%，具有一定的可信性；空间目标大小为20 m的条件下，像素提取误差对姿态角均方根误差的影响较为明显，像素提取误差越大，姿态角均方根误差越大，当为0.1像素标准差时，

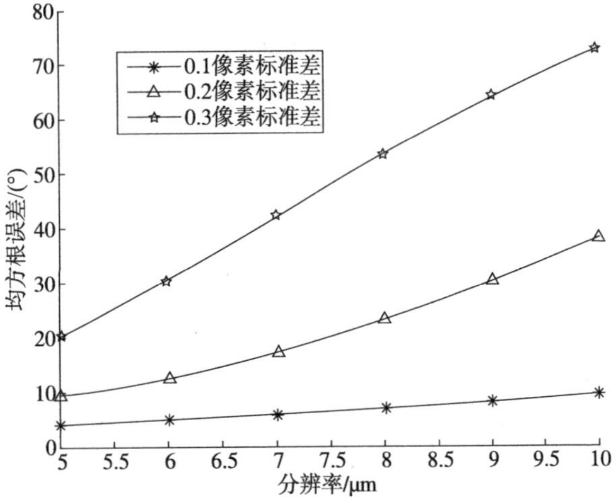

图 5-4　姿态角均方根误差 2

姿态角均方根误差为 10°以内；成像分辨率对姿态角均方根误差影响较为明显，与像素提取误差共同放大姿态角均方根误差。

5.3.3　焦距大小与像素误差仿真

设空间目标大小为 20 m，速度为（−2.2，6.5，3.5）km/s（J2000）；观测相机位置为（6 392.7，1 609.1，987.2）km（J2000），主点为（0，0），焦距为 5～10 m，分辨率为 8 μm，线段端点像素标准差为 0.1～0.3 像素。开展 50 000 次蒙特卡罗法抽样，与数论法计算的均方根误差对比见表 5-3，空间目标姿态角均方根误差变化如图 5-5 所示。

表 5-3　姿态角均方根误差对比 3

序号	像素标准差/像素	蒙特卡罗法 RMS/(°)	数论法 RMS/(°)	蒙特卡罗法 RMS/(°)	数论法 RMS/(°)
1	0.1	9.43	9.65	4.06	4.11
2	0.2	38.12	38.19	9.43	9.58
3	0.3	73.19	73.06	20.14	19.49

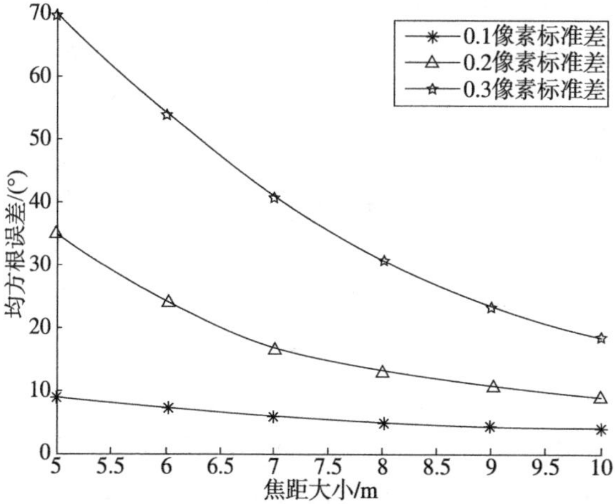

图 5-5　姿态角均方根误差 3

仿真结果显示，采用数论法计算的空间目标姿态角均方根误差相比于蒙特卡罗法，差异小于 4%，具有一定的可信性；在空间目标大小为 20 m、分辨率为 8 μm 等条件下，像素提取误差对姿态角均方根误差的影响较为明显，像素提取误差越大，姿态角均方根误差越大，当为 0.1 像素标准差时，姿态角均方根误差为 10°以内；成像焦距通过决定图像大小而在一定程度上影响姿态角均方根误差，减小像素标准差、增加成像焦距，可共同缩小姿态角均方根误差。

综合以上分析，采用数论法计算的空间目标姿态角均方根误差与蒙特卡罗法抽样结果基本保持一致，但计算次数较少；空间目标大小、像元分辨率、像素提取误差、观测相机焦距等影响图像质量的因素，均会影响姿态角均方根误差，像元分辨率、像素提取误差是影响姿态角均方根误差的主要因素；像素提取标准差为 0.1 像素、像元分辨率为 8 μm、成像焦距为 6 m、空间目标大小为 20 m 的条件下，姿态计算均方根误差能够小于 10°，这表明姿态计算结果具有一定的可信性、可用性。

本章提出一种基于数论法的空间目标姿态计算精度分析方法，计算的空间目标姿态角均方根误差与蒙特卡罗法抽样结果基本保持一致，但计算次数较少。该方法采用数论法好格子点模拟空间目标姿态提取随机误差，分析利用空间目标成像平行线提取结果计算空间目标姿态角，分析空间目标大小、成像距离、像元分辨率、像素提取误差、观测相机焦距等对姿态角误差的影响。分析发现像元分辨率、像素提取误差是影响姿态角均方根误差的主要因素；像素提取标准差为 0.1 像素、像元分辨率为 8 μm、成像焦距为 6 m、空间目标大小为 20 m 的条件下，姿态计算均方根误差能够小于 10°，这在一定程度上支撑了基于图像的空间目标姿态计算的可行性论证。

5.3.4　姿态旋转计算

设像元大小为 3 μm×3 μm，量化误差为 1 像素，特征点提取误差为 2 像素。空间目标到光学测站的距离约为 10 km。ΔT 为 1 s，仿真时长为 600 s。特征点在空间目标本体坐标系的坐标见表 5 - 4。

表 5 - 4　特征点坐标

序号	坐标	序号	坐标
1	(16,8,4)	5	(4,8,−4)
2	(−4,12,4)	6	(−16,4,−4)
3	(−4,−4,12)	7	(−4,−4,−12)
4	(8,−4,4)	8	(4,−4,−4)

（1）姿态指向估计

模拟空间目标一定的姿态运动，四元数仿真值如图 5 - 6 左列所示。根据绝对方位误差进行迭代，姿态四元数估计值如图 5 - 6 右列所示。统计三个方向姿态角总误差，均值为−0.8°，标准差为 6.5°。由此可见，利用约 10 min 的成像数据，可估计空间目标姿态指向，在 3 个像素特征提取误差情况下，精度优于 10°。

（2）旋转速度估计

对姿态四元数估计值进行样条滤波，滤波结果如图 5 - 7 所示。根据滤波结果统计三个方向的姿态角总误差，均值为 0.02°，标准差为 0.4°。由此可见，样条滤波对空

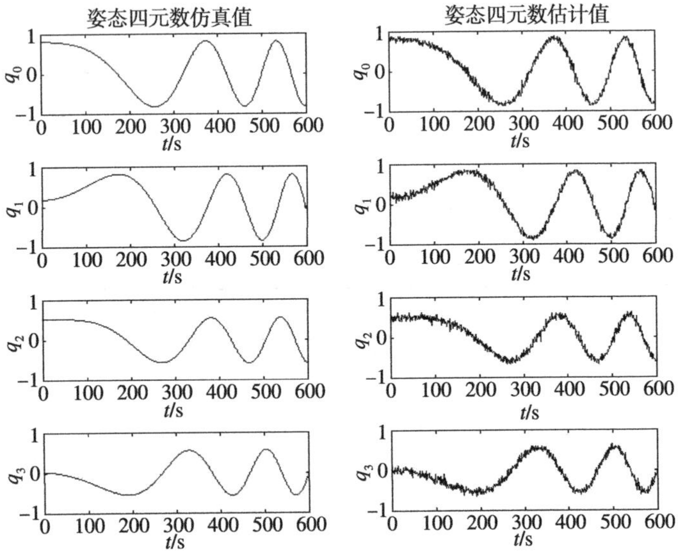

图 5-6　姿态四元数仿真与估计

间目标连续姿态指向估计精度有成倍幅度提升。

根据姿态四元数及其导数，计算旋转速度，结果如图 5-8 所示。统计旋转速度总误差，均值为 0.3（°）/s，标准差为 1（°）/s。由此可见，姿态四元数迭代与样条滤波相结合，是空间目标姿态旋转速度估计的有效方法。

本章提出了绝对方位迭代与四元数滤波相结合的姿态估计方法，实现了空间目标姿态指向与旋转速度的有效估计。首先基于光学成像透视投影原理迭代计算空间目标姿态四元数，其次利用四元数样条滤波，既提升空

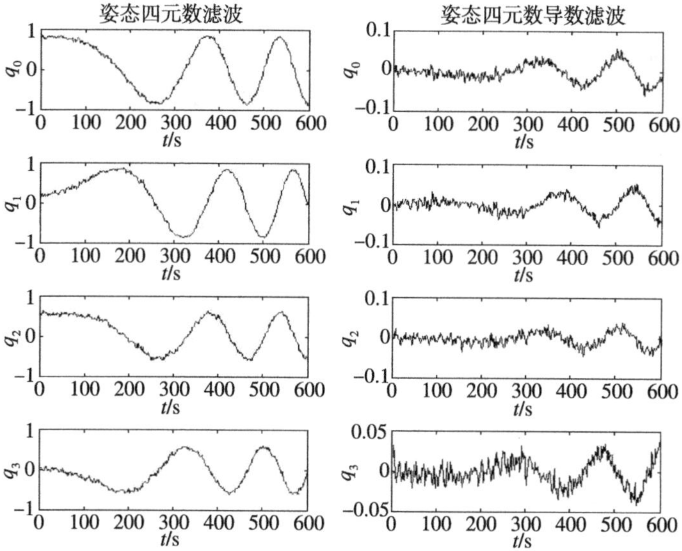

图 5-7　姿态四元数滤波

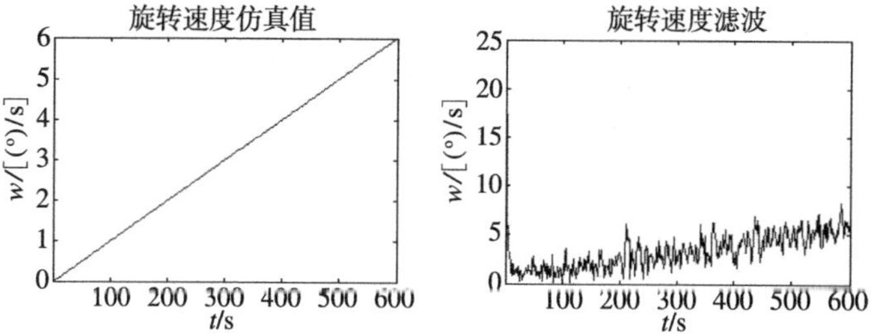

图 5-8　旋转速度仿真与滤波

间目标姿态估计精度，又获得四元数导数，最后利用姿态四元数及其导数求解姿态旋转速度。该姿态估计方法利用光学成像进行空间目标姿态计算，既可估计空间目标姿态，也可估计旋转速度，为空间目标姿态非合作测量与预报提供支持。

参 考 文 献

［1］ 韩楠，罗建军，马卫华．失效卫星姿态接管的并行学习合作博弈控制［J］．航空学报，2021，42（3）：324307.

［2］ 梁小辉，胡昌华，周志杰，等．基于自适应动态规划的运载火箭智能姿态容错控制［J］．航空学报，2021，42（4）：524915.

［3］ 刘闯，岳晓奎．空间非合作航天器抓捕后姿态抗干扰控制［J］．航空学报，2021，42（11）：524849.

［4］ 夏冬冬，岳晓奎．基于浸入与不变理论的航天器姿态跟踪自适应控制［J］．航空学报，2020，41（2）：323428.

［5］ 董哲，刘凯，李旦伟，等．考虑动态控制分配的空天飞行器再入姿态复合控制设计［J］．宇航学报，2021，42（6）：750－752.

［6］ 徐瑞，耿子阳，朱圣英，等．复杂约束下航天器姿态机动球面几何规划方法［J］．宇航学报，2021，42（3）：360－364.

［7］ 路遥，刘晓东，路坤锋．一种非仿射高超声速飞行器姿态系统控制方法［J］．宇航学报，2021，42（1）：133－137.

［8］ 王帅磊，周绍磊，代飞扬，等．多航天器分布式事件触发分组姿态协同控制［J］．北京航空航天大学学报，2021，47（2）：324－331.

［9］ 于起峰，孙祥一，邱志强．从单站光测图像确定空间目标三

维姿态 [J]. 光学技术，2002，28 (1)：77 - 79.

[10] 魏小峰，耿则勋，娄博，等．空间目标三维姿态估计方法 [J]. 武汉大学学报（信息科学版），2015，40 (1)：166 - 170.

[11] 宋平，杨小冈，齐乃新，等．基于序列图像的空间目标姿态估计方法 [J]. 仪器仪表学报，2020，41 (11)：227 - 229.

[12] WU H L，PEI X B，LI J H，et al. Attitude Estimation Method Based On Extended Kalman Filter Algorithm With 22 Dimensional State Vector For Low - cost Agricultural UAV [J]. High Technology Letters，2020，26 (2)：125 - 135.

[13] YANG H T，ZHOU B，WEI Q，et al. Accurate Attitude Estimation Of HB2 Standard Model Based On QNCF In Hypersonic Wind Tunnel Test [J]. Chinese Journal of Aeronautics，2020，33 (1)：64 - 72.

[14] 宋平，杨小冈，蔡光斌，等．单站光测图像中空间目标姿态估计 [J]. 兵器装备工程学报，2020，41 (9)：165 - 170.

[15] 周志革，黄文振，张利．一种计算随机变量函数均值和标准差的方法 [J]．机械强度，2001，23 (1)：107 - 110.

[16] 周志革，黄文振，张利．数论方法在统计公差分析中的应用 [J]. 机械工程学报，2000，36 (3)：70 - 72.

[17] 王芙蓉，杨帆，张亚，等．基于奇异值分解的矩阵低秩近似量子算法 [J]. 物理学报，2021，15 (70)：150201.

[18] 张成，欧书琴，沈川，等．基于奇异值分解的测量矩阵优化 [J]. 四川大学学报（工程科学版），2016，48 (3)：137 - 139.

[19] TAN C M, GAO X, CHEN S, et al. Three Simple Quaternion Averaging Algorithms Used In Attitude And Heading Reference System [J]. Journal of Chinese Inertial Technology, 2020, 28 (2): 187 - 189.

[20] 周海银，汪雄良，朱矩波. 基于测速定轨的一类自适应样条滤波方法 [J]. 国防科技大学学报，2001，23 (6): 39 - 41.

[21] 方开泰，王元. 数论方法在统计中的应用 [M]. 北京：科学出版社，1996：19 - 29，274 - 277.

第 6 章　广域探测分析

空间目标广域探测依托于通过广域拍摄空间目标得到的图像，这些图像中包含恒星信息、空间目标信息。恒星信息利用广域相机指向信息、相机参数和拍摄时间在星表中搜索视场覆盖的天区，提取到该天区内恒星的信息，包括平赤经、平赤纬、星等、自行参数等，转换生成空间目标像平面坐标。空间目标信息利用广域相机指向信息、相机参数、拍摄时间、空间目标位置提取对应时刻的空间目标像平面坐标[1]。

6.1　构建星表索引

基于广域拍摄相机的指向信息、相机视场和拍摄时间等参数，在星表（如 GAIA 星表、Tycho－2 星表等）中搜索视场覆盖的天区，提取恒星平赤经、平赤纬、星等、自行参数等。GAIA 星表存储的恒星历元时刻为 2015 年（DR2 版本）或 2016 年（DR3 版本），包含 0～20 星等范围内 V 波段和 R 波段的恒星，其中在 10～14 星等间的恒星位置误差在 0.015″～0.020″区间内，还包括 SuperCosmos 和 2MASS 提供的测光数据以及恒星自行、周年视差等信息。Tycho－2 星表存储的恒星历元为国际天球坐标系（ICRS），包含亮于 12 星等的约 250 万颗恒星，平均位置误差约为 0.060″。

恒星数量巨大，构建索引有利于节省天区定位的查询时间，提升计算的时效性。构建索引就是建立天区索引文件与恒星信息文件，支持恒星信息快速读取。天区索引文件采用全天区 1°间隔、恒星数量叠加存储的方法，存储 180×360 个元素的数组，存储对应天区的恒星数量累计结果。恒星信息文件按照天区索引顺序依次存储恒星信息，其中包括：α_m，δ_m 为星表读出的恒星平赤经和平赤纬；α_i，δ_i 为相机视轴指向赤经、赤纬；θ_s 为恒星方位和视场指向之间的夹角；σ 为实验误差，对应 0.5°。出现在视场内的恒星，读取恒星平位置赤经赤纬（α_m，δ_m）、赤经赤纬自行（α_u，δ_u）、视向速度 v_τ、周年视差 η、星等值 m 等，见表 6－1。

表 6－1　GAIA 星表部分参数说明

序号	标示	说明
1	ra	赤经，单位为度(°)
2	dec	赤纬，单位为度(°)
3	parallax	视差，单位为毫角秒(mas)
4	pmra	赤经自行，单位为毫角秒/年(mas/yr)
5	pmdec	赤纬自行，单位为毫角秒/年(mas/yr)
6	radial_velocity	日心参考系视向速度，单位为千米/秒(km/s)

6.2 星表恒星搜索

根据相机视轴指向的时间、赤经、赤纬，搜索恒星的存储单元，得到存储单元搜索范围。

$$t_i, \alpha_i, \delta_i (i=1,2,\cdots,N) \tag{6-1}$$

$$M_{\alpha L} = 2(\alpha_i - \theta_x/2 - 360/\pi) \tag{6-2}$$

$$M_{\alpha U} = 2(\alpha_i + \theta_x/2 + 360/\pi) \tag{6-3}$$

$$M_{\delta L} = 2(\delta_i - \theta_y/2 - 360/\pi) \tag{6-4}$$

$$M_{\delta U} = 2(\delta_i + \theta_y/2 + 360/\pi) \tag{6-5}$$

式中，α_i，δ_i 为相机视轴指向赤经、赤纬；$M_{\alpha L}$，$M_{\alpha U}$，$M_{\delta L}$，$M_{\delta U}$ 为索引天区的下限、上限，需要特别处理跨 0° 附近索引天区的覆盖；θ_x，θ_y 为相机横向、纵向视场角度（前提是相机横向、纵向定向为赤经、赤纬方向）。利用恒星平赤经和平赤纬、相机指向的赤经和赤纬，计算恒星方位和视场指向之间的夹角：

$$\boldsymbol{r}_p = \begin{pmatrix} \cos\delta_i \cos\alpha_i \\ \cos\delta_i \sin\alpha_i \\ \sin\delta_i \end{pmatrix} \tag{6-6}$$

$$\boldsymbol{r}_s = \begin{pmatrix} \cos\delta_m \cos\alpha_m \\ \cos\delta_m \sin\alpha_m \\ \sin\delta_m \end{pmatrix} \tag{6-7}$$

$$\theta_s = \arccos(\boldsymbol{r}_p^{\mathrm{T}} \boldsymbol{r}_s) \tag{6-8}$$

$$\varepsilon \leqslant \sigma + \max(\theta_x, \theta_y)/2 \tag{6-9}$$

式中，α_m，δ_m 为星表读出的恒星平赤经和平赤纬；α_i，δ_i 为相机视轴指向赤经、赤纬；θ_s 为恒星方位和视场指向之间的夹角；σ 为实验误差，可取为 0.5°。$\max(\theta_x, \theta_y)$ 为取 (θ_x，θ_y) 的最大值。出现在视场内的恒星，读取恒星平位置赤经赤纬 (α_m，δ_m)、赤经赤纬自行 (α_p，δ_p)、视向速度 v_t、周年视差 η、星等值 m，支持计算恒星的视位置。恒星位置数据以 ICRS 坐标系为参考坐标系。平位置赤经赤纬以度（°）为单位；视向速度以千米每秒（km/s）为单位；周年视差以毫角秒（mas）为单位。

6.3 恒星位置解算

恒星平位置的修正需要计算恒星与日心距离、恒星自行修正、光线引力偏折修正、周年光行差修正，计算相应的修正信息，以解算恒星当前视位置[2]。

6.3.1 视差修正

以 J2000.0 系日心、恒星矢量为参照，其他时刻日心、恒星矢量与参照矢量存在角度差，为恒星的周年视差 η，这个视差一般较小，以毫角秒为单位。

$$r_0 = \frac{1}{\sin\eta} \approx 3\,600 \times 1\,000 \times 180° / (\pi\eta) \quad (6-10)$$

$$\boldsymbol{R}_s = r_0 \begin{pmatrix} \cos\delta_m \cos\alpha_m \\ \cos\delta_m \sin\alpha_m \\ \sin\delta_m \end{pmatrix} \quad (6-11)$$

式中，r_0 为恒星初始距离，单位为 AU；$\boldsymbol{R}_s$ 为周年视差修正后日心、恒星矢量（星表历元时刻），单位为 AU；α_m，δ_m 分别为恒星在星表历元时刻的平位置赤经、赤纬（由 GAIA 星表读取）；η 为恒星周年视差（GAIA 星表中单位为 mas），未知或为 0 时，用 10^{-7} 代替。

6.3.2 自行修正

利用恒星赤经赤纬自行（α_p，δ_p）、视向速度 v_τ、周年视差 η，进行恒星自行修正。由赤经自行、赤纬自行和视向速度的值计算以 AU/d 为单位的恒星速度矢量：

$$\boldsymbol{V}_s = \boldsymbol{R}_z(-\alpha_m - \pi/2)\boldsymbol{R}_x(\delta_m - \pi/2)\begin{pmatrix} \dfrac{\alpha_p \cos\delta_m}{365.25\eta} \\ \dfrac{\delta_p}{365.25\eta} \\ \dfrac{86\,400 v_\tau}{149\,597\,870.691} \end{pmatrix} \tag{6-12}$$

$$\boldsymbol{R}_p = \boldsymbol{R}_s + \Delta_T \boldsymbol{V}_s \tag{6-13}$$

$$\boldsymbol{R}_{es} = \boldsymbol{R}_p - \boldsymbol{R}_e/\mathrm{AU} \tag{6-14}$$

$$\Delta_T = \mathrm{JTT} - \mathrm{JTT}_0 \tag{6-15}$$

式中，$\boldsymbol{V}_s$ 为恒星自行修正（星表历元时刻），公式中的 365.25 与赤经自行、赤纬自行的单位毫角秒/年有关，需要以 AU/d 为单位，除以 365.25 天；$\boldsymbol{R}_z$，$\boldsymbol{R}_x$ 为绕 z，x 坐标轴按右手系旋转角度的旋转矩阵；$\boldsymbol{R}_p$ 为自行修正后的日心、恒星矢量；AU 为天文单位，取值 149 597 870 691 m；

Δ_T 为相对于星表历元时刻的观测时间；JTT 为观测时刻对应的 TT 时间；JTT_0 为星表历元时刻对应的 TT 时间；$\boldsymbol{R}_e$ 为观测时刻利用 DE/LE 历表查得的地球在太阳系中的质心位置，单位为 m；$\boldsymbol{R}_{es}$ 为在观测历元时地心到恒星的矢量；v_τ 为视向速度（GAIA 星表中单位为 km/s），未知时取为 0。

6.3.3　引力偏折修正

利用修正后的恒星与日心的距离，进行光线引力偏折修正：

$$\boldsymbol{R}_{pz} = \boldsymbol{R}_{es} - \frac{2GM(\boldsymbol{R}_e \cdot \boldsymbol{R}_{es} / |\boldsymbol{R}_e| + |\boldsymbol{R}_e| - |\boldsymbol{R}_p|)}{c^2 |\boldsymbol{d}|^2}\boldsymbol{d} \tag{6-16}$$

$$\boldsymbol{d} = \boldsymbol{R}_e - (\boldsymbol{R}_e \cdot \boldsymbol{R}_{es})\boldsymbol{R}_{es} / |\boldsymbol{R}_{es}|^2 \tag{6-17}$$

式中，$2GM/c^2$ 为 $1.974\ 125\ 743\ 377\ 66 \times 10^{-8}$，单位为 AU，$GM$ 对应的是太阳引力常数；AU 为地球到日心的平均距离，取 149 597 870 691 m。

6.3.4　光行差修正

利用光线引力偏折修正周年光行差公式如下：

$$\boldsymbol{R}_{gx} = \boldsymbol{R}_{pz} + t_{pz}(\boldsymbol{V}_e + \boldsymbol{V}_c) \tag{6-18}$$

$$t_{pz} = |\boldsymbol{R}_{pz}| / 173.144\ 633 \tag{6-19}$$

式中，$\boldsymbol{R}_{gx}$ 为周年光行差修正后日心与恒星的距离矢量；$\boldsymbol{V}_e$ 为地球绕太阳的公转速度，单位为 AU/d，可通过 DE/LE 历表内插计算；173.144 633 与单位转换有关，为 68 400 s 光行差的 AU 数量；$\boldsymbol{V}_c$ 为空间目标 J2000 坐标系速度矢量，单位为 AU/d。

6.3.5 岁差章动修正

天基观测时不需要开展岁差章动修正，地基、船舶观测时需要开展岁差章动修正[3]。可利用观测时间计算岁差矩阵 $\boldsymbol{P}$ 、章动矩阵 $\boldsymbol{N}$ ，经过周年光行差修正后的日心与恒星的距离矢量如下：

$$\boldsymbol{R}_{NP}=\boldsymbol{NPR}_{gx}=(x_{NP},y_{NP},z_{NP})^{\mathrm{T}} \tag{6-20}$$

$$\boldsymbol{P}=\boldsymbol{M}_{\mathrm{J2000\to MOD}} \tag{6-21}$$

$$\boldsymbol{N}=\boldsymbol{M}_{\mathrm{MOD\to TOD}} \tag{6-22}$$

6.4 广域探测生成

6.4.1 恒星观测投影

球面内坐标转换：

$$\alpha_t=\arctan(y_{NP}/x_{NP}) \tag{6-23}$$

$$\delta_t=\arcsin(z_{NP}/|\boldsymbol{R}_{NP}|) \tag{6-24}$$

计算过程中忽略了部分对恒星位置影响非常小的修正，如周日视差和周日光行差等。将恒星观测时刻的赤经、赤纬转换至 CCD 像平面坐标系。如图 6-1 所示，设 XY 平面为 CCD 焦平面所在空间平面，Z 轴为相机光轴；UVW 为天球赤道坐标系，W 轴指向北天极，U 轴指向春分点，V 轴根据右手法则确定。

由于恒星距离观测平台非常远，可简化认为像平面

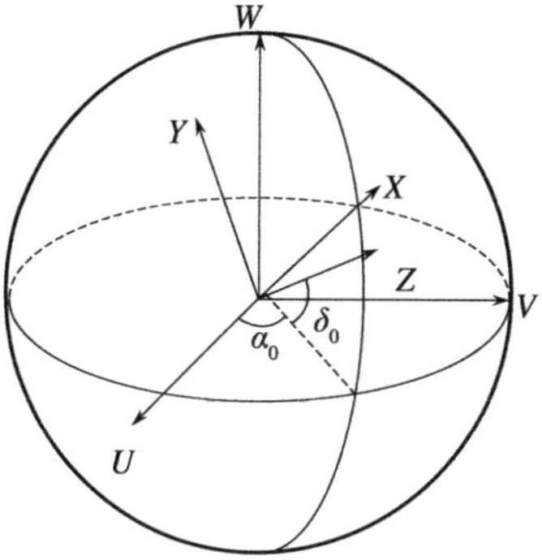

图 6－1　相机坐标系与天球坐标系的位置关系

坐标系的原点与地心重合，即两坐标系原点重合，只需进行两者间的旋转变换。UVW 坐标系到 XYZ 坐标系的旋转矩阵 $\boldsymbol{M}$ 为

$$\boldsymbol{M}_{UVW\to XYZ}=\boldsymbol{R}_x(\pi/2-\delta_0)\boldsymbol{R}_z(\alpha_0+\pi/2)$$
$$=\begin{pmatrix} -\sin\alpha_0 & \cos\alpha_0 & 0 \\ -\cos\alpha_0\sin\delta_0 & -\sin\alpha_0\cos\delta_0 & \cos\delta_0 \\ \cos\alpha_0\cos\delta_0 & \sin\alpha_0\cos\delta_0 & \sin\delta_0 \end{pmatrix} \tag{6-25}$$

如图 6－2 所示，将恒星投影到 CCD 像平面上，得到以像素为单位的恒星坐标。

视场中多个恒星的位置由式（6－23）和式（6－24）计算对应单位矢量（α_i，δ_i），转换到相机坐标系的公式如下：

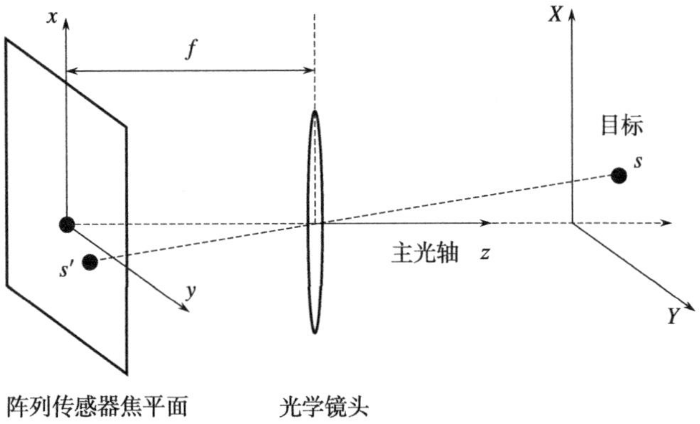

图 6 - 2　相机坐标系到像平面坐标系的投影

$$\begin{pmatrix} X \\ Y \\ Z \end{pmatrix} = \boldsymbol{M}_{UVW \to XYZ} \begin{pmatrix} \cos\alpha_i \cos\delta_i \\ \sin\alpha_i \cos\delta_i \\ \sin\delta_i \end{pmatrix} \tag{6-26}$$

根据 CCD 传感器尺寸分辨率，横向、纵向的像素宽度与高度，以及相机光轴指向角度，恒星在像平面上的位置（x，y）为

$$\begin{cases} x = -\dfrac{fX}{N_x Z} + \dfrac{W_x}{2} \\ y = -\dfrac{fY}{N_y Z} + \dfrac{H_y}{2} \end{cases} \tag{6-27}$$

$$\begin{cases} x = -\dfrac{f\cos\delta_i\sin(\alpha_i - \alpha_0)}{N_x[\sin\delta_i\sin\delta_0 + \cos\delta_i\cos\delta_0\cos(\alpha_i - \alpha_0)]} + \dfrac{W_x}{2} \\ y = -\dfrac{f[\sin\delta_i\cos\delta_0 - \cos\delta_i\sin\delta_0\cos(\alpha_i - \alpha_0)]}{N_y[\sin\delta_i\sin\delta_0 + \cos\delta_i\cos\delta_0\cos(\alpha_i - \alpha_0)]} + \dfrac{H_y}{2} \end{cases} \tag{6-28}$$

式中，f 为镜头焦距；N_x ，N_y 为 CCD 传感器尺寸分辨率；W_x ，H_y 为 CCD 横向、纵向的像素宽度与高度；α_0，δ_0 为相机光轴指向角度。

6.4.2　空间目标观测位置

空间目标观测位置计算可利用卫星双行轨道根数（TLE）数据，确定空间目标 J2000 坐标系位置，并利用观测设备位置，转换至以观测设备位置为原点的 J2000 坐标系，解算出对应时刻运动空间目标的赤经、赤纬值，代入式（6－19）～式（6－27），得到在图像坐标系中的坐标值（x_t，y_t）。

6.5　实现结果

6.5.1　恒星参数

读取 GAIA 星表特定区域恒星信息，包括恒星平位置赤经赤纬（α_m，δ_m）、赤经赤纬自行（α_u，δ_u）、视向速度 v_τ 、周年视差 η 、星等值 m 等，记录其历元时间为 2016 年 1 月 1 日零时，恒星参数见表 6－2～表 6－4。

表 6-2　恒星赤经赤纬

序号	恒星编号	赤经/(°)	赤纬/(°)
1	4295806720	44.996 155 38	0.005 615 226
2	34361129088	45.004 320 29	0.021 047 764
3	38655544960	45.004 978 37	0.019 879 676

表 6-3　恒星赤经赤纬自行

序号	恒星编号	赤经自行/(mas/yr)	赤纬自行/(mas/yr)
1	4295806720	11.938 351 57	−4.080 619 339
2	34361129088	29.518 344 13	19.231 654 94
3	38655544960	29.686 339 05	19.115 199 91

表 6-4　恒星视向速度和周年视差

序号	恒星编号	视向速度/(km/s)	周年视差/mas
1	4295806720	0	0.354 330 56
2	34361129088	0	3.235 017 272
3	38655544960	0	3.139 170 115

6.5.2　恒星位置解算

（1）视差修正

以 J2000.0 坐标系日心、恒星矢量为参照，利用恒星平位置赤经赤纬计算恒星周年视差修正后日心与恒星矢量，见表 6-5。

表 6-5　视差修正后恒星矢量

序号	恒星编号	视差修正/AU
1	4295806720	$4.116\ 524\ 100\ 922\ 848\times 10^8$ $4.115\ 971\ 689\ 937\ 537\times 10^8$ $4.115\ 971\ 709\ 704\ 120\times 10^8$
2	34361129088	$4.508\ 174\ 857\ 729\ 840\times 10^8$ $4.508\ 854\ 771\ 387\ 377\times 10^8$ $4.508\ 855\ 075\ 618\ 011\times 10^8$
3	38655544960	$4.645\ 768\ 011\ 442\ 200\times 10^8$ $4.646\ 575\ 413\ 387\ 780\times 10^8$ $4.646\ 575\ 693\ 077\ 403\times 10^8$

（2）自行修正

以 2023 年 1 月 1 日零时为截止时间，利用恒星赤经赤纬自行、视向速度、周年视差，由赤经自行、赤纬自行和视向速度的值计算以 AU/d 为单位的恒星速度矢量，计算在观测历元时地心到恒星的矢量，见表 6-6。

表 6-6　自行修正后恒星矢量

序号	恒星编号	自行修正/AU
1	4295806720	$4.116\ 499\ 084\ 661\ 669\times 10^8$ $4.115\ 996\ 709\ 667\ 938\times 10^8$ $4.115\ 970\ 903\ 475\ 939\times 10^8$
2	34361129088	$4.508\ 107\ 097\ 979\ 641\times 10^8$ $4.508\ 922\ 518\ 757\ 778\times 10^8$ $4.508\ 859\ 237\ 411\ 520\times 10^8$

续表

序号	恒星编号	自行修正/AU
3	38655544960	$4.645\,697\,784\,666\,387 \times 10^8$ $4.646\,645\,625\,869\,240 \times 10^8$ $4.646\,579\,955\,970\,782 \times 10^8$

(3) 引力偏折修正

利用修正后的恒星与日心的距离，计算光线引力偏折量，并在观测历元时进行地心到恒星的矢量修正，见表 6－7。

表 6－7　引力偏折修正恒星矢量

序号	恒星编号	数值/AU
1	4295806720	$4.116\,499\,038\,366\,488 \times 10^8$ $4.115\,996\,747\,058\,973 \times 10^8$ $4.115\,970\,901\,439\,055 \times 10^8$
2	34361129088	$4.508\,107\,063\,243\,248 \times 10^8$ $4.508\,922\,480\,576\,336 \times 10^8$ $4.508\,859\,200\,850\,749 \times 10^8$
3	38655544960	$4.645\,697\,748\,322\,053 \times 10^8$ $4.646\,645\,589\,234\,381 \times 10^8$ $4.646\,579\,919\,469\,823 \times 10^8$

(4) 光行差修正

以 2023 年 1 月 1 日零时的地心速度为输入，利用光线引力偏折修正周年光行差公式，计算周年光行差修正后日心与恒星的距离矢量，见表 6－8。

表6-8　光行差修正后恒星矢量

序号	恒星编号	数值/AU
1	4295806720	$4.115\ 789\ 972\ 316\ 887\times10^{8}$ $4.115\ 881\ 533\ 827\ 347\times10^{8}$ $4.115\ 920\ 933\ 974\ 299\times10^{8}$
2	34361129088	$4.507\ 330\ 387\ 988\ 063\times10^{8}$ $4.508\ 796\ 281\ 802\ 435\times10^{8}$ $4.508\ 804\ 469\ 005\ 298\times10^{8}$
3	38655544960	$4.644\ 897\ 356\ 052\ 656\times10^{8}$ $4.646\ 515\ 536\ 780\ 201\times10^{8}$ $4.646\ 523\ 516\ 300\ 421\times10^{8}$
地心速度:(−29.816 385,−4.844 742,−2.101 143) km		

6.5.3　空间目标位置解算

空间目标观测位置计算可利用卫星双行轨道根数(TLE)数据，确定空间目标J2000坐标系位置，并利用观测设备位置，转换至以观测设备位置为原点的J2000坐标系，解算出对应时刻空间目标观测矢量参数，见表6-9。

表6-9　空间目标观测矢量参数

序号	空间目标编号	数值/m
1	42124	$2.828\ 403\ 373\ 790\ 170\times10^{6}$ $2.828\ 403\ 373\ 790\ 169\times10^{6}$ $5.656\ 854\ 249\ 492\ 380\times10^{6}$

续表

序号	空间目标编号	数值/m
2	22621	$2.846\ 152\ 592\ 874\ 158\times10^6$ $2.846\ 152\ 592\ 874\ 158\times10^6$ $5.692\ 209\ 588\ 551\ 707\times10^6$
3	12768	$2.863\ 810\ 231\ 689\ 258\times10^6$ $2.863\ 754\ 695\ 652\ 531\times10^6$ $5.727\ 509\ 391\ 305\ 062\times10^6$

6.5.4 观测投影解算

设成像CCD分辨率为1 μm，将恒星、空间目标测瞬时刻的赤经赤纬转换至以观测设备位置为原点的J2000坐标系，解算出对应时刻运动空间目标的赤经赤纬值，代入式（6－19）～式（6－27)，得到在图像坐标系中的坐标值（x_t，y_t），见表6－10。

表6－10 恒星参数

序号	编号	数值/像素
1	4295806720	$-3.415\ 647\ 660\ 092\ 223\times10^4$ $5.573\ 376\ 477\ 459\ 461\times10^6$
2	34361129088	$-3.578\ 814\ 220\ 512\ 117\times10^4$ $5.572\ 387\ 157\ 419\ 746\times10^6$
3	38655544960	$-3.591\ 279\ 262\ 980\ 943\times10^4$ $5.572\ 308\ 179\ 356\ 174\times10^6$
4	42124	$2.500\ 000\ 000\ 000\ 000\times10^4$ $1.130\ 636\ 478\ 973\ 175\times10^6$

续表

序号	编号	数值/像素
5	22621	$2.500\,000\,000\,000\,000\times10^{4}$ $1.130\,780\,193\,809\,071\times10^{6}$
6	12768	$2.506\,746\,278\,046\,779\times10^{4}$ $1.130\,739\,700\,744\,870\times10^{6}$

参 考 文 献

[1] 张志勇，张靖，朱大勇．一种基于视觉成像的快速收敛的位姿测量算法及实验研究 [J]. 航空学报，2007，28 (4)：944 - 945.

[2] 连月勇，张超，詹银虎，等. 天文定姿恒星视位置解算及更新算法 [J]. 测绘科学，2015，40 (12)：134 - 137.

[3] 王安国，贾传荧，孙鹏．航用恒星视位置高精度计算 [J]. 交通运输工程学报，2004，4 (4)：118 - 120.

第 7 章　目标轨道应用分析

空间目标轨道变轨检测对空间目标稳定关联匹配十分关键。变轨检测方法分为连续观测变轨检测、间隔观测变轨检测。连续观测变轨检测需要连续不断或小间隔时间的观测数据支持，检测方法包括基于二次滑窗方差比值的变轨检测方法[1]、基于概率判决模型的轨道变轨检测方法[2] 等，能够自适应地判断空间目标是否发生轨道变轨，适应不同幅度轨道变轨下的变轨场景，方法具有可行性与有效性。在缺乏持续观测数据支持的情况下，间隔观测变轨检测方法需要解决是否变轨判断、疑似变轨目标关联、变轨参数计算等问题。

间隔观测变轨检测方法需要开展空间目标定轨预报。基于地基多普勒观测的变轨识别算法[3]，利用半长轴作为变轨判断依据，适应轨道维持、调相等变轨场景；利用天基观测开展空间目标变轨检测方法[4]，基于拉格朗日法定轨并计算疑似目标隶属度，从轨道特征方面进行目标匹配和变轨检测。空间目标变轨控制形式多样，如脉冲控制、持续小推力控制等[5]，对变轨检测中的目标探测搜索、观测弧段关联、观测目标匹配提出了时效、精度要求。开展轨道面内、轨道面外变轨检测，有利于适应多样化变轨方式，增强检测方法的多场景适用性。

针对空间目标变轨检测问题，标识观测弧段特征，进行观测弧段分类；观测数据与已知目标匹配成功时，进行已知目标变轨检测，基于已知目标关联数据计算目标间沿迹距离斜率与法向距离幅度进行变轨判断；观测数据与未知目标关联成功时，进行未知目标变轨检测，从库里目标筛选疑似目标计算目标间沿迹距离斜率与法向距离幅度进行变轨判断。采用相对距离、平均时间作为综合判据统计变轨参数，计算变轨时间、变轨速度增量，在一定程度上提升变轨参数估计准确性。仿真低中高轨目标无变轨、沿迹变轨、法向变轨、综合变轨，设置检测门限进行变轨检测验证，结果表明，基于沿迹距离斜率分析与法向距离幅度分析的变轨检测方法，能够判别空间目标变轨状态，有效估算了变轨速度增量。

7.1 观测弧段标识

观测弧段标识的作用是实现当圈观测变轨识别，对目标无变轨弧段与其他弧段进行分类。其他弧段可能为目标疑似变轨弧段、已知目标变轨弧段、未知目标观测弧段、无关联观测弧段。定义观测弧段不同的标识，可方便观测弧段分类。定义 0 为目标无变轨弧段，1 为目标疑似变轨弧段，2 为已知目标变轨弧段，3 为未知目标观测弧段，－1 为无关联观测弧段。

（1）单个弧段匹配标识

开展当圈观测弧段的目标匹配，若目标匹配不成功，则观测弧段标识为－1，表示当圈观测弧段纳入未关联数据集合；若目标匹配成功但无相关历史观测数据，则只能开展单个弧段定轨计算，定轨成功时观测弧段标识为0，定轨失败时观测弧段标识为1。

（2）两个弧段匹配标识

开展当圈观测弧段的目标匹配，目标匹配成功且存在相关历史观测数据，则进行两个弧段标识处理。前一圈观测弧段标识不为1（即为0，2或3）时，则使用包含前一圈观测弧段在内的历史数据进行定轨计算。若定轨不成功，则置当圈观测弧段标识为1；若定轨成功且定轨弧段数量及持续时长满足要求，则置当圈观测弧段标识为0，否则当圈观测弧段延续前一圈观测弧段标识。前一圈观测弧段标识为1时，若仅有两个观测弧段，则置当圈观测弧段标识为1，进行多个弧段标识处理。

（3）多个弧段匹配标识

当圈观测弧段成功进行目标匹配，前一圈观测弧段标识为1且有多个观测弧段，则进行多个弧段标识处理。使用不包含前一圈观测弧段在内的历史数据进行定轨计算，若定轨成功，则表明前一圈观测弧段可能为误关联数据，修改其标识为－1，并且根据两个弧段标识算法进行当圈观测弧段标识赋值；若定轨失败，表明从前一圈观测弧段开始目标可能发生变轨，则联合当圈观测弧段及前一圈观测弧段进行定轨计算，若定轨成功，则置当圈观测弧段标识为2，否则标识为1。

(4) 匹配失败数据标识

匹配失败数据为未关联数据，两两进行观测弧段关联，关联成功时开展定轨计算。若定轨失败，则观测弧段保持原有标识不变；定轨成功时，若前一圈观测弧段、当圈观测弧段标识都为 1，则置当圈观测弧段标识为 3，否则保持原有标识不变。

7.2 变轨检测

出现标识为 2 或 3 观测弧段时，触发变轨检测。变轨检测针对已知目标变轨弧度、未知目标观测弧段数据，采用空间目标变轨前后的位置变化特点进行变轨核实。

7.2.1 已知目标变轨检测

(1) 疑似目标筛选

观测弧段与已知目标匹配成功但定轨不成功，可能是由于已知目标发生了变轨，并导致观测弧段匹配成功的空间目标为疑似目标。在多设备观测情况下，与当圈观测弧段匹配的已知目标可能存在多个疑似目标观测弧段，筛选出多个观测弧段，能够有效支撑变轨核实，增加变轨参数估算的准确性。存在观测弧段标识为 2 的情况下，令观测弧段标识为 1 的观测弧段起始观测时刻为 T_0。筛选疑似目标弧段的起始时刻 T_f 为

$$T_f = T_0 - \Delta T \tag{7-1}$$

式中，ΔT 为筛选时间门限，一般取为 7 天，以确保足够

数据来反映变轨发生前的空间轨道特征。以 T_f 为起始时刻、T_0 为结束时刻，从与目标成功匹配的历史数据中筛选出与已知目标匹配的 n 个疑似目标轨道数据集合为

$$P=\{\boldsymbol{\sigma}_i\}=\{\boldsymbol{\sigma}_1,\boldsymbol{\sigma}_2,\cdots,\boldsymbol{\sigma}_n\},i=1,2,\cdots,n \tag{7-2}$$

（2）变轨目标检测

标识为 2 的当圈观测弧段起始历元时刻为 T_c，T_0 观测弧段的前一弧段的起始历元时刻为 T_{-1}，与当圈观测弧段匹配成功的目标轨道根数为 $\boldsymbol{\sigma}_c$。利用 $\boldsymbol{\sigma}_c$ 在指定 T_s 至 T_e 时间区间进行 1 s 间隔轨道外推预报：

$$T_s=\max(T_0-1.5,T_{-1}) \tag{7-3}$$

$$T_e=\max(T_0+1.0,T_c) \tag{7-4}$$

式中，max 表示取极大值。利用疑似目标轨道根数 $\boldsymbol{\sigma}_i$ 在指定 T_s 至 T_e 时间区间进行 1 s 间隔轨道外推预报，与匹配目标的轨道外推预报结果按时间顺序进行位置比对。疑似目标的列向量位置和速度分别为 $\boldsymbol{r}_{ij}$ 和 $\boldsymbol{v}_{ij}$，匹配目标的列向量位置和速度分别为 $\boldsymbol{r}_j$ 和 $\boldsymbol{v}_j$。

$$\Delta\boldsymbol{r}_{ij}=\boldsymbol{r}_j-\boldsymbol{r}_{ij},j=1,2,\cdots,t \tag{7-5}$$

$$\boldsymbol{R}_j=\boldsymbol{r}_j/|\boldsymbol{r}_j| \tag{7-6}$$

$$\boldsymbol{N}_j=\boldsymbol{r}_j\times\boldsymbol{v}_j/|\boldsymbol{r}_j\times\boldsymbol{v}_j| \tag{7-7}$$

$$\boldsymbol{T}_j=-\boldsymbol{R}_j\times\boldsymbol{N}_j \tag{7-8}$$

$$\Delta R_{ij}=\Delta\boldsymbol{r}_{ij}\cdot\boldsymbol{R}_j \tag{7-9}$$

$$\Delta T_{ij}=\Delta\boldsymbol{r}_{ij}\cdot\boldsymbol{T}_j \tag{7-10}$$

$$\Delta N_{ij}=\Delta\boldsymbol{r}_{ij}\cdot\boldsymbol{N}_j \tag{7-11}$$

式中，j 代表时间顺序，T_s 至 T_e 总共有 t 秒。求取对应每

个疑似目标的 ΔT_{ij} ，按照时间序列线性拟合求取 ΔT_{ij} 变化率 k_i 和截距 x_{0i} ，作为变轨检测特征参数。判断变轨检测特征参数 k_i 、x_{0i} 是否满足以下检测门限：

$$|k_i| \geqslant 3\pi \cdot g_{\Delta a}/86\ 400 \tag{7-12}$$

$$|\Delta \boldsymbol{r}_{ij}| \leqslant g_{\Delta r} \tag{7-13}$$

式中，$g_{\Delta a}$ 为单日最小可检测轨道高度变化量，一般取 30～50 m；$g_{\Delta r}$ 为距离门限，一般取 1～5 km。若目标发生轨道面法向变轨，ΔN_{ij} 呈周期性变化，其变轨判断门限为：

$$\max(\Delta N_{ij})^3 \geqslant \sqrt{(\dot{z}_0/n)^2 + z_0^2} \tag{7-14}$$

式中，$\dot{z}_0$ 为法向变轨速度增量检测最小值，一般取 0.005 m/s；z_0 为法向初始位置误差，一般取 5 m。若疑似目标变轨检测特征参数满足检测门限要求，则该疑似目标观测弧段纳入变轨参数计算数据集合；若不满足检测门限要求，则继续下一组疑似目标轨道数据处理。

(3) 变轨参数计算

设有 m 组疑似目标轨道数据满足门限要求，利用变轨检测特征参数 k_i 和 x_{0i} 计算变轨参数，包括变轨时刻、半长轴变化量和速度增量。计算变轨点时刻：

$$T_{mi} = T_0 + x_{0i}, i = 1, 2, \cdots, m \tag{7-15}$$

然后利用变轨前后轨道根数 $\boldsymbol{\sigma}_i$ 、$\boldsymbol{\sigma}_c$ 分别外推计算目标在变轨点时刻的 kepler 根数和位置速度，得到变轨点时刻的半长轴变化量 Δa_i 和速度变化量 Δv_i ，直至完成全部变轨目标变轨参数计算。针对疑似变轨目标集合，统计变轨时刻均值和均方差：

$$\overline{T}_m = \text{mean}(T_{mi}) \tag{7-16}$$

$$s_T = \sqrt{\frac{1}{m-1}\sum_{i=1}^{m}(T_{mi} - \overline{T}_m)^2} \tag{7-17}$$

从疑似变轨目标集合中，选择变轨时刻与均值 $\overline{T}_m$ 最接近的一组变轨目标轨道根数，相应的变轨时刻及变轨量大小确定为最终变轨参数，存入变轨目标数据库变轨检测结果集合中：

$$T_{mv} = (T_{mv})_{opt} \tag{7-18}$$

$$\Delta a = (\Delta a)_{opt} \tag{7-19}$$

$$\Delta v = (\Delta v)_{opt} \tag{7-20}$$

7.2.2　未知目标变轨检测

出现标识为 3 的观测弧段，虽然没有已知目标与之匹配成功，但可能是已知目标变轨后产生的观测弧段，也可能是新入轨目标、新解体目标等。进行已知目标变轨后的观测弧段匹配，需要利用未知目标两个观测弧段的定轨结果，筛选疑似目标开展变轨检测。

（1）疑似目标筛选

标识为 1 的观测弧段起始观测时刻为 T_0。标识为 3 的当圈弧段起始历元时刻为 T_c，两个观测弧段的定轨根数为 $\boldsymbol{\sigma}_c$。已编目目标集合 S，包含 N 个已知目标。从已知目标集合中挑选疑似变轨目标集合 S'。筛选条件为：

$$S = \{s_i\} = \{s_1(t_1, \boldsymbol{s}_1), \cdots, s_N(t_N, \boldsymbol{s}_N)\}, i = 1, 2, \cdots, N \tag{7-21}$$

$$-2T/3 \leqslant T_c - t_i \leqslant g_{\Delta T} \tag{7-22}$$

$$|a_c - a_i| \leqslant g_{\Delta a} \tag{7-23}$$

$$|i_c - i_i| \leqslant g_{\Delta i} \tag{7-24}$$

$$\left| \left[\Omega_c - \frac{1}{2}\dot{\Omega}_c \cdot (T_c - t_i)\right] - \left[\Omega_i - \frac{1}{2}\dot{\Omega}_i \cdot (T_c - t_i)\right] \right| \leqslant g_{\Delta\Omega} \tag{7-25}$$

$$S' = \{s'_i\} = \{s'_1, s'_2, \cdots, s'_M\}, i = 1, 2, \cdots, M \tag{7-26}$$

式中，$g_{\Delta T}$ 为筛选时间门限，一般取 7 天；$g_{\Delta a}$ 为轨道高度变化上限，一般取 10～100 km；$g_{\Delta i}$ 为轨道倾角上限，一般取 1°；$g_{\Delta\Omega}$ 为升交点赤经上限，一般取 2°；$\dot{\Omega}_c$ 、$\dot{\Omega}_i$ 分别为利用编目轨道根数为 $\boldsymbol{\sigma}_c$ 、$\boldsymbol{\sigma}_i$ 计算的升交点赤经变率。

（2）变轨目标检测

对当圈观测弧段轨道根数 $\boldsymbol{\sigma}_c$ 在指定时间区间 T_s 至 T_e 时段进行轨道外推预报。对疑似目标 S'，分别在指定时间区间 T_s 至 T_e 时段内进行轨道外推预报。在指定时间区间 T_s 至 T_e 时段将疑似目标的轨道外推预报结果与当圈弧段的轨道外推预报结果按时序进行位置比对。其中：

$$T_s = T_0 - 3 \tag{7-27}$$

$$T_e = \max(T_0 + 1.0, T_c) \tag{7-28}$$

求取对应每个疑似目标的 ΔT_{ij} ，对生成的时序位置比对结果中的沿迹分量位置差基于相对时间序列进行线性拟合，求取 ΔT_{ij} 变化率 k_i 和截距 x_{0i} ，作为变轨检测特征参数。判断变轨检测特征参数 k_i 、x_{0i} 是否满足以下检测门限：

$$3\pi g_{\Delta a}^{f}/86\ 400 \leqslant |k_i| \leqslant 3\pi g_{\Delta a}^{c}/86\ 400 \quad (7-29)$$

$$|\Delta \boldsymbol{r}_{ij}| \leqslant g_{\Delta r} \quad (7-30)$$

式中，$g_{\Delta a}^{f}$ 为轨道高度变化下限（最小可检测轨道高度变化量），一般取 30～50 m；$g_{\Delta a}^{c}$ 为轨道高度变化上限（最大可检测轨道高度变化量），一般取 500 km；$g_{\Delta r}$ 为距离门限，一般取 10 km。

（3）变轨参数计算

设有 M 组疑似目标轨道数据满足门限要求，利用变轨检测特征参数 k_i 和 x_{0i} 计算变轨参数，包括变轨时刻、半长轴变化量和速度增量。计算变轨点时刻：

$$T_{mv}^{i} = T_0 + x_{0j} \quad (7-31)$$

然后利用变轨前后轨道根数 $\boldsymbol{\sigma}_i$ 、$\boldsymbol{\sigma}_c$ 分别外推计算目标在变轨点时刻的 kepler 根数和位置速度，得到变轨点时刻的总位置差 Δp_i 、半长轴变化量 Δa_i 和速度变化量 Δv_i 。

重复完成全部疑似目标根数比对，记录相应的疑似变轨目标集合 S' 。从疑似变轨目标集合 S' 中挑选总位置距离最小的疑似变轨目标 S_{opt} ，位置距离 $\Delta \boldsymbol{r}_{opt}$ 是否满足以下门限条件：

$$\Delta \boldsymbol{r}_{opt} \leqslant g_{\Delta p} \quad (7-32)$$

式中，$g_{\Delta p}$ 为位置距离门限，一般取 10 km。若满足，则标识 S_{opt} 为新目标的变轨前目标，转入 7.2.1 节已知目标变轨检测处理，利用该变轨前目标的历史轨道根数检测生成变轨检测样本，并统计分析当圈测轨数据定轨结果对应的变轨检测结果；若不满足，则认为该目标不是已知目标变轨产生的目标。

7.3 实现结果

7.3.1 目标设置

利用 STK 软件轨道变轨功能模块，设置观测设备位置，设置低、中、高轨 3 类空间目标状态（见表 7－1），生成空间目标变轨前与变轨后的观测弧段，利用观测弧段开展定轨预报。空间目标变轨前后各 10 h 有观测弧段，变轨速度增量分别为沿迹或法向，速度增量大小为 0.1 m/s。

表 7－1　空间目标设置

序号	半长轴	偏心率	倾角	升交点赤经	近地点角	平近点角
1	6 878 140 m	0.05	45°	0°	0°	0°
2	9 878 140 m	0.05	45°	0°	0°	0°
3	42 166 000 m	0.001	0.1°	0°	0°	0°

7.3.2 目标无变轨

分别开展 3 类目标前向 20 h、后向 20 h 预报，目标无观测误差、无变轨的相对位置 R、T、N 变化如图 7－1～图 7－9 所示。由图可见，在不考虑观测误差情况下，目标预报相对位置变化很小，可为目标变轨检测奠定基础。

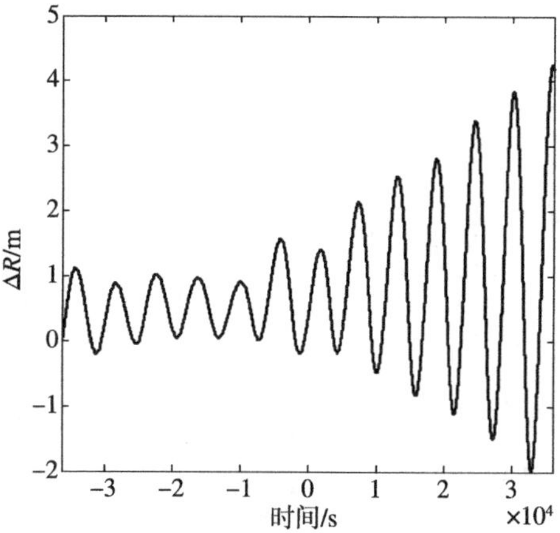

图 7－1　500 km 轨道高度目标无变轨 R 变化

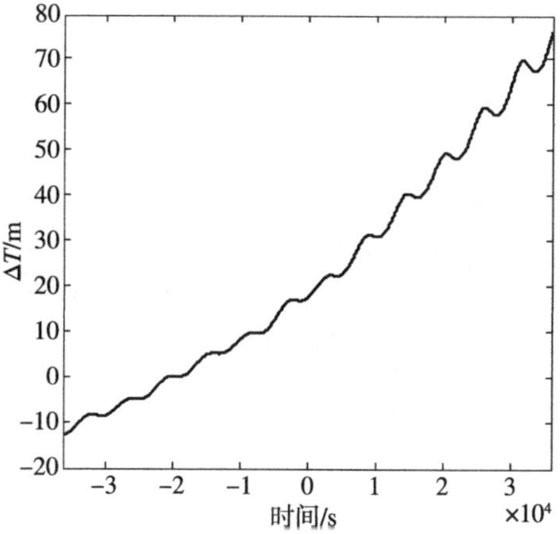

图 7－2　500 km 轨道高度目标无变轨 T 变化

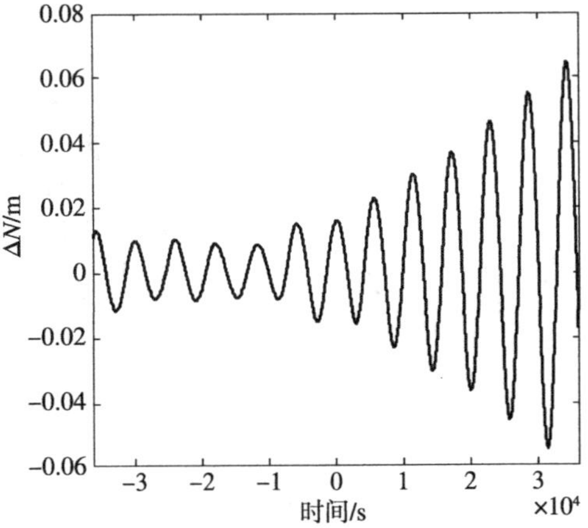

图 7-3　500 km 轨道高度目标无变轨 N 变化

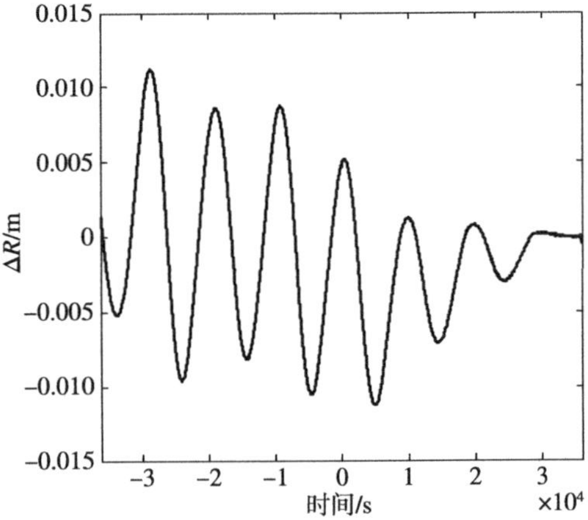

图 7-4　3 500 km 轨道高度目标无变轨 R 变化

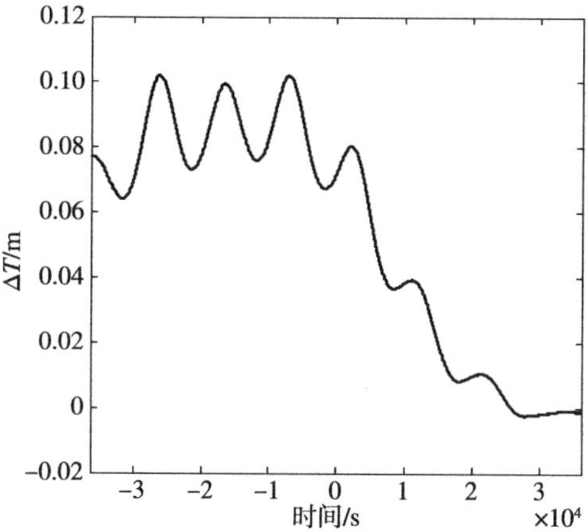

图 7－5　3 500 km 轨道高度目标无变轨 T 变化

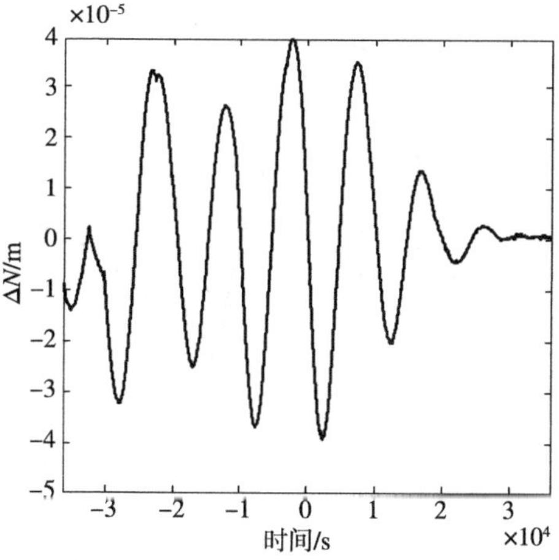

图 7－6　3 500 km 轨道高度目标无变轨 N 变化

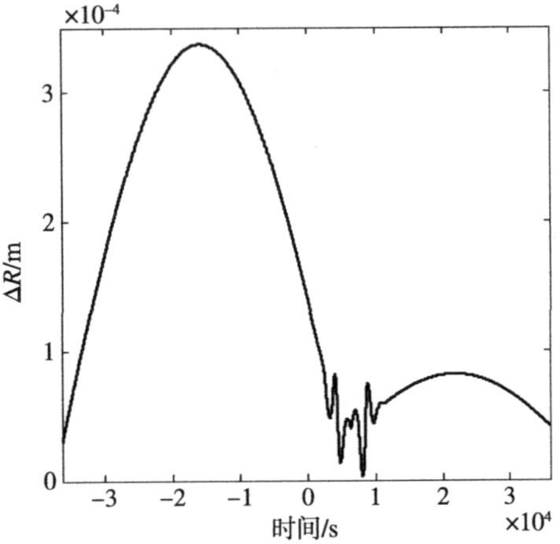

图 7－7　36 000 km 轨道高度目标无变轨 R 变化

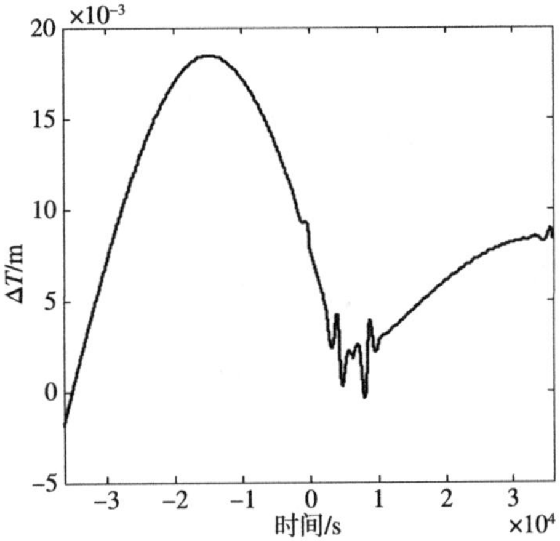

图 7－8　36 000 km 轨道高度目标无变轨 T 变化

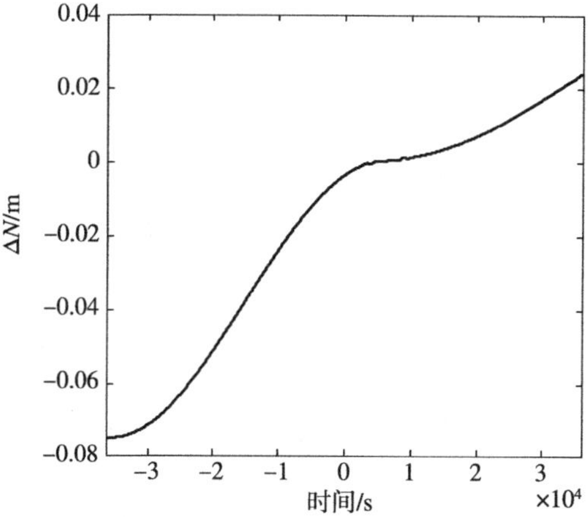

图 7－9　36 000 km 轨道高度目标无变轨 N 变化

7.3.3　目标沿迹变轨

分别开展 3 类目标沿迹 0.1 m/s 速度增量的变轨仿真，对轨道进行前向 20 h、后向 20 h 预报，目标无观测误差的相对位置 R、T、N 变化如图 7－10～图 7－18 所示。由图可见，在不考虑观测误差的情况下，T 方向的倾斜变化明显，同时法向位置周期变化幅度较小，具备目标变轨检测条件。

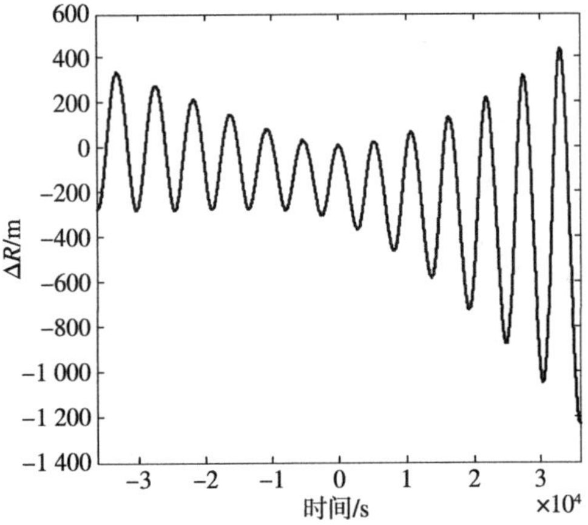

图 7－10　500 km 轨道高度目标沿迹变轨 R 变化

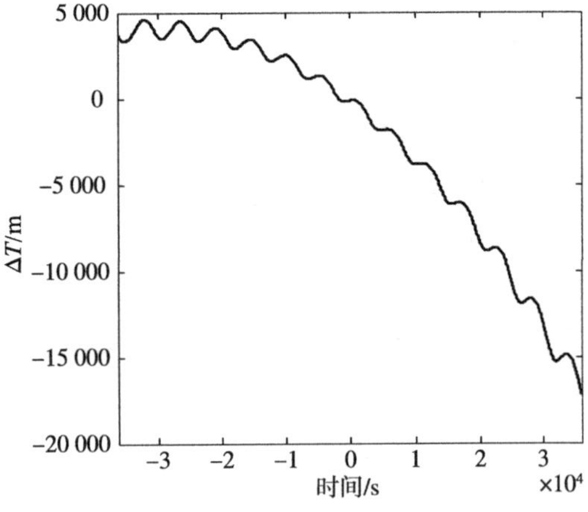

图 7－11　500 km 轨道高度目标沿迹变轨 T 变化

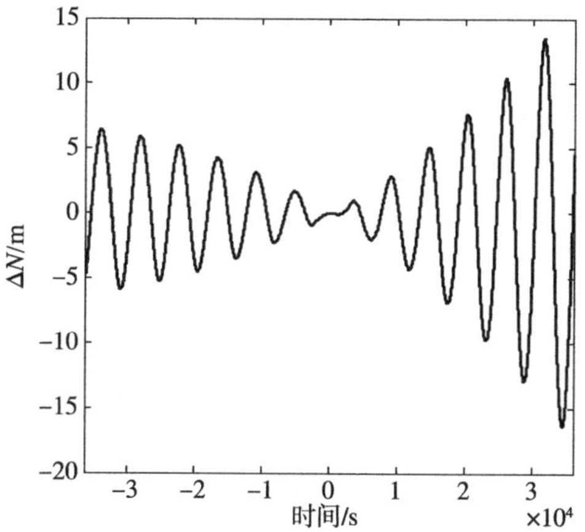

图 7 - 12　500 km 轨道高度目标沿迹变轨 N 变化

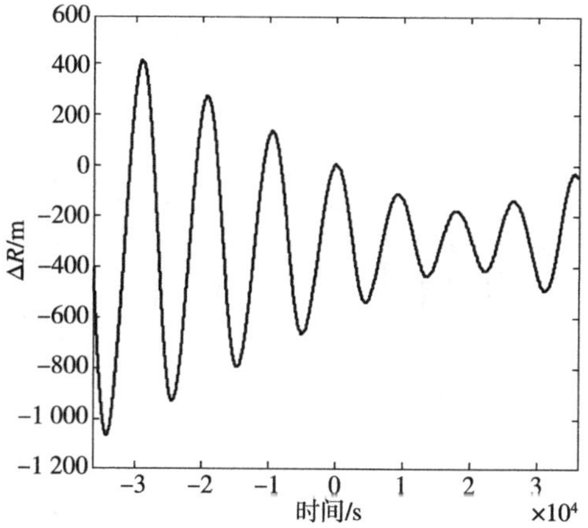

图 7 - 13　3 500 km 轨道高度目标沿迹变轨 R 变化

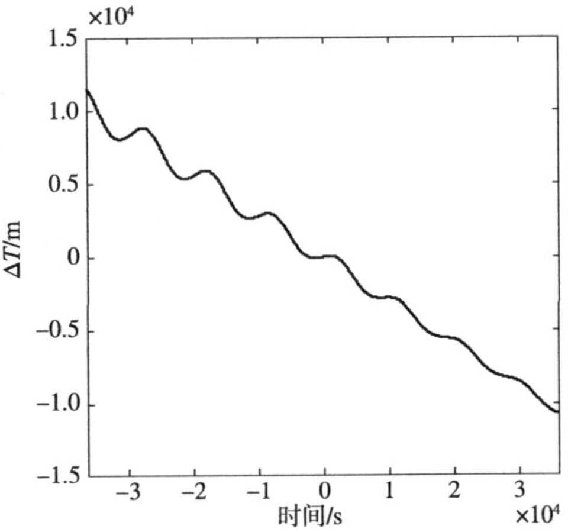

图 7－14　3 500 km 轨道高度目标沿迹变轨 T 变化

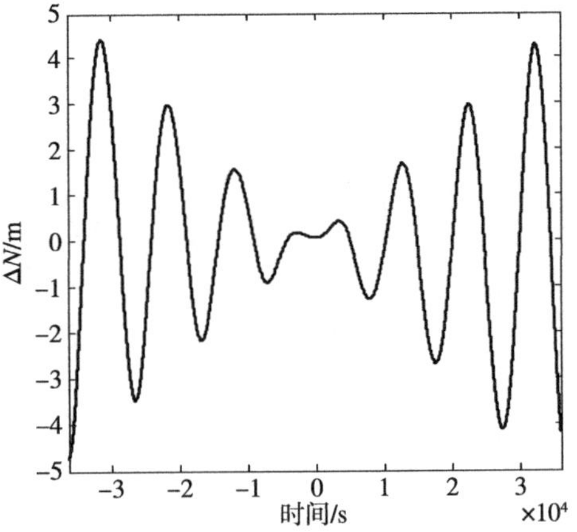

图 7－15　3 500 km 轨道高度目标沿迹变轨 N 变化

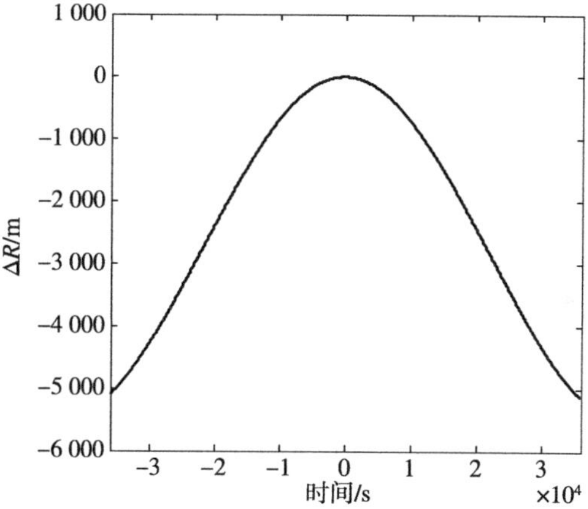

图 7－16　36 000 km 轨道高度目标沿迹变轨 R 变化

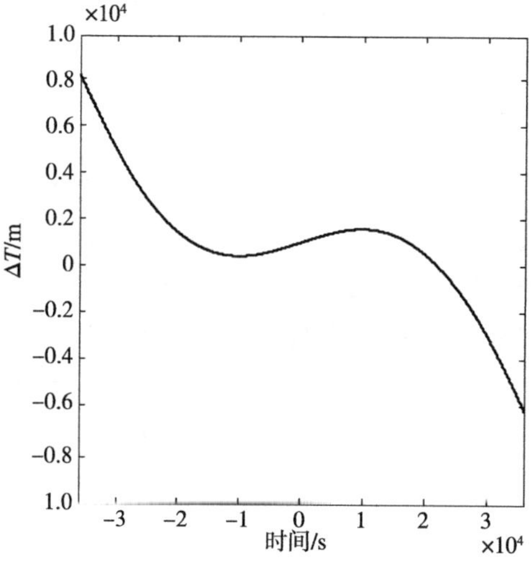

图 7－17　36 000 km 轨道高度目标沿迹变轨 T 变化

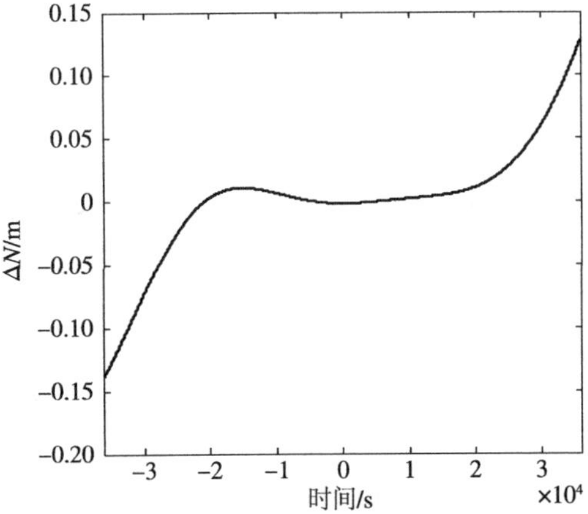

图 7 - 18　36 000 km 轨道高度目标沿迹变轨 N 变化

7.3.4　目标法向变轨

分别开展 3 类目标法向 0.1 m/s 速度增量的变轨仿真，对轨道进行前向 20 h、后向 20 h 预报，目标无观测误差的相对位置 R、T、N 变化如图 7 - 19～图 7 - 27 所示。由图可见，在不考虑观测误差的情况下，N 方向的周期性变化明显、位置周期变化幅度较大，其他方向相对位置变化较小，具备目标变轨检测特征条件。

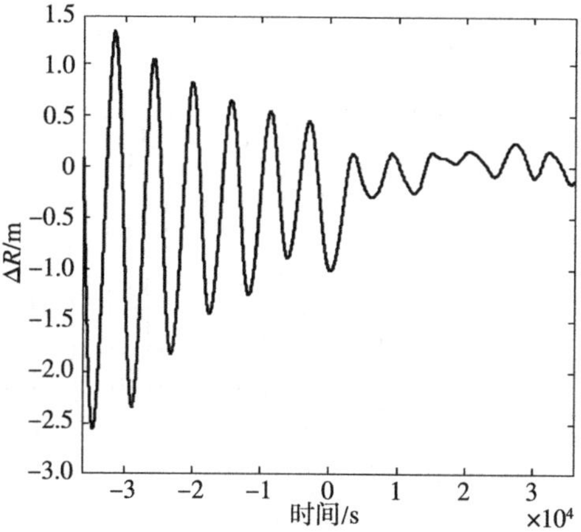

图 7－19　500 km 轨道高度目标法向变轨 R 变化

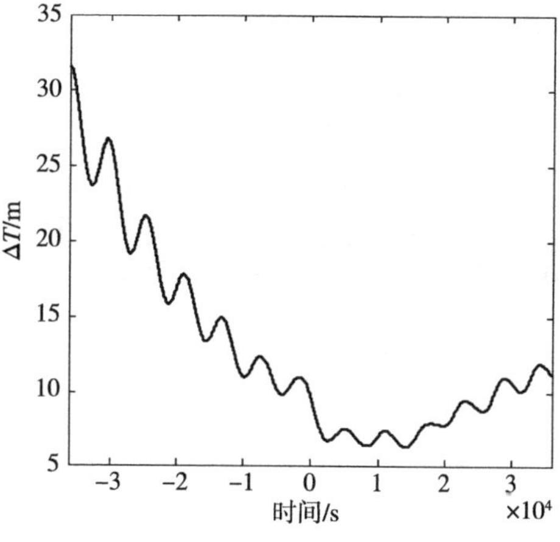

图 7－20　500 km 轨道高度目标法向变轨 T 变化

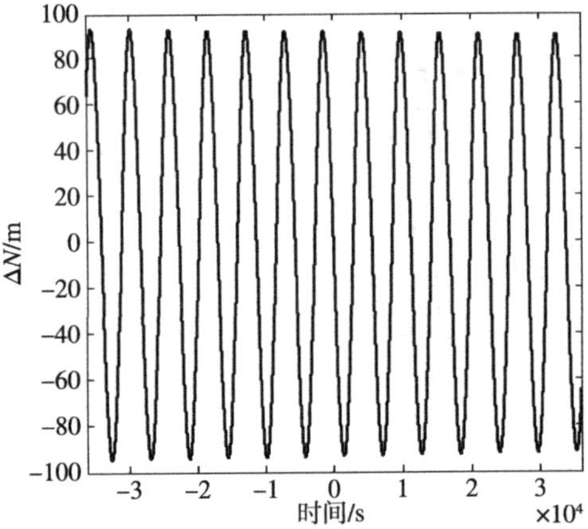

图 7－21　500 km 轨道高度目标法向变轨 N 变化

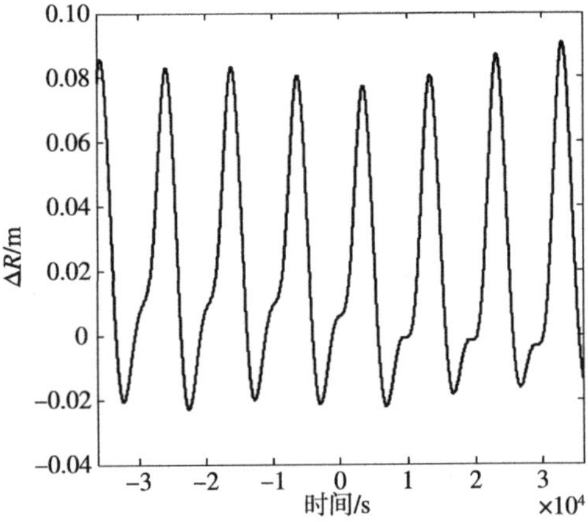

图 7－22　3 500 km 轨道高度目标法向变轨 R 变化

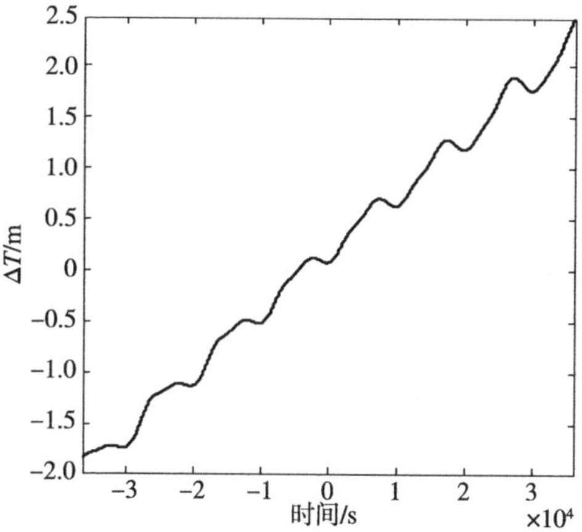

图 7－23　3 500 km 轨道高度目标法向变轨 T 变化

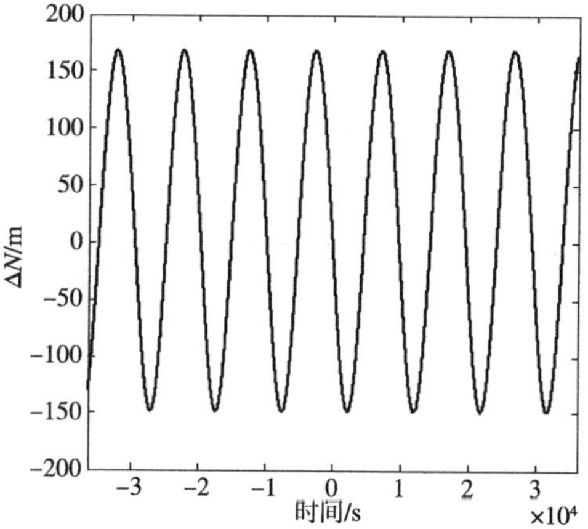

图 7－24　3 500 km 轨道高度目标法向变轨 N 变化

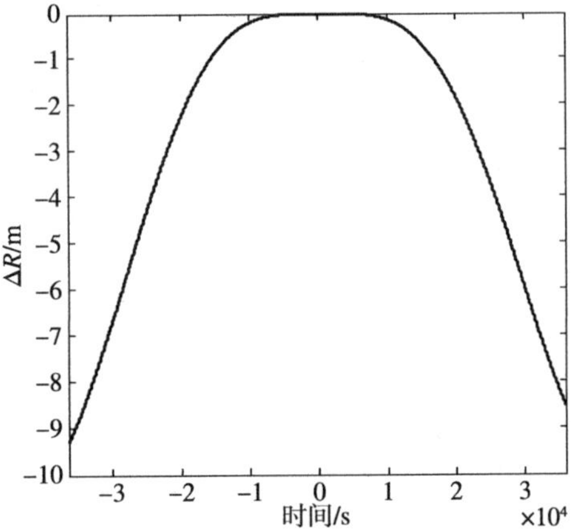

图 7-25　36 000 km 轨道高度目标法向变轨 R 变化

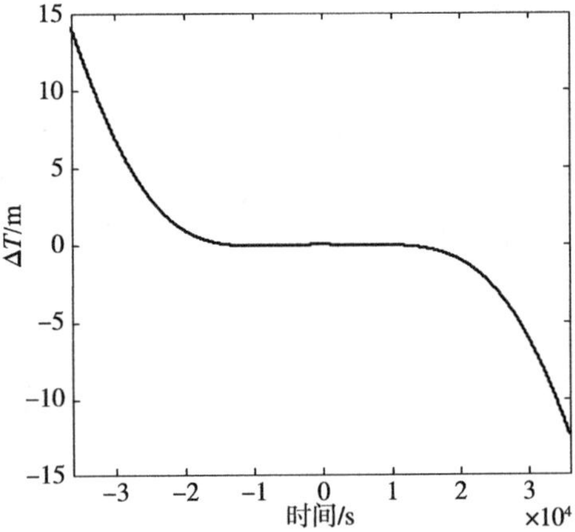

图 7-26　36 000 km 轨道高度目标法向变轨 T 变化

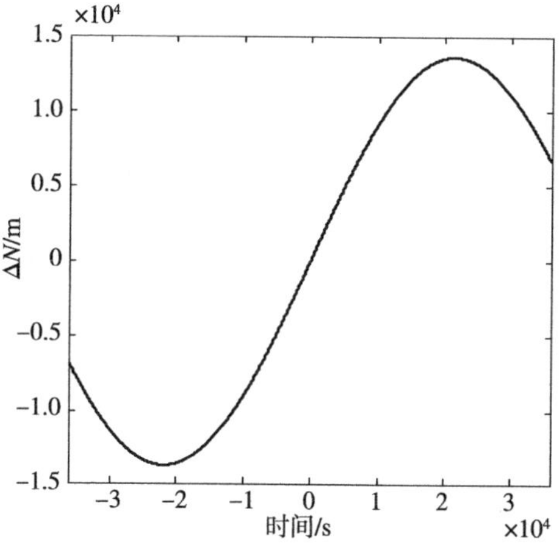

图 7－27　36 000 km 轨道高度目标法向变轨 N 变化

7.3.5　目标综合变轨

分别开展 3 类目标 0.1 m/s 速度增量的综合变轨仿真，速度增量方向为将 LVLH 坐标系按照 123 旋转顺序分别旋转 20°、30°、40°。对目标轨道进行前向 20 h、后向 20 h 预报，目标相对位置 R、T、N 变化如图 7－28～图 7－36 所示。由图可见，N 方向的周期性变化明显，位置周期变化幅度较大，T 方向的倾斜变化明显，具备目标变轨检测特征条件。

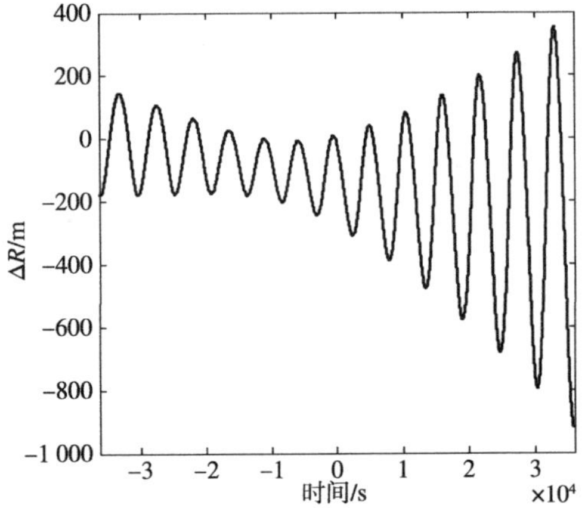

图 7-28　500 km 轨道高度目标综合变轨 R 变化

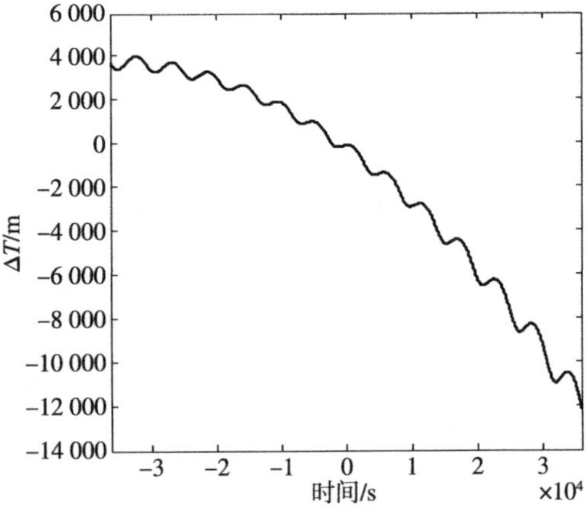

图 7-29　500 km 轨道高度目标综合变轨 T 变化

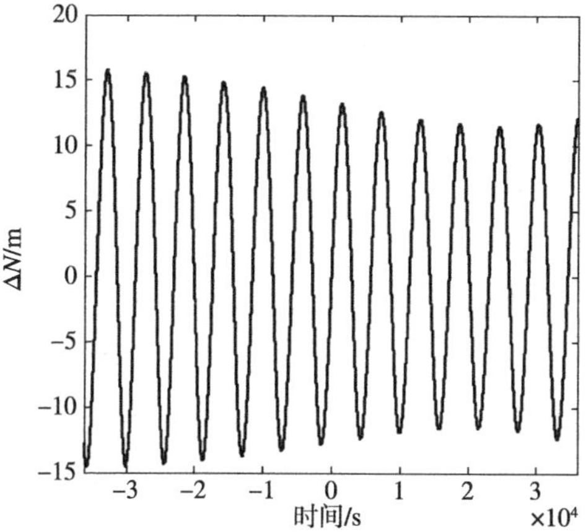

图 7-30　500 km 轨道高度目标综合变轨 N 变化

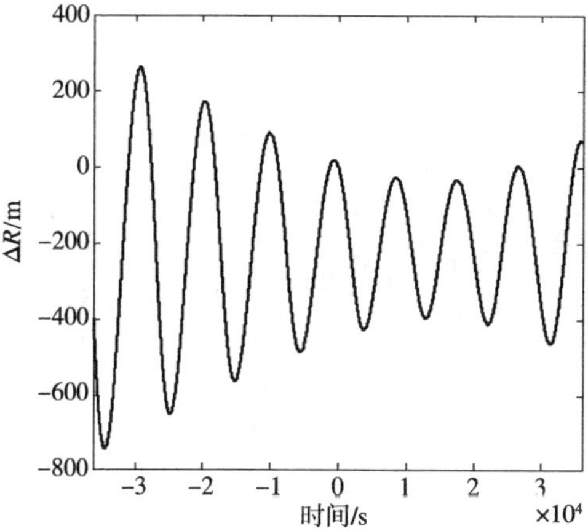

图 7-31　3 500 km 轨道高度目标综合变轨 R 变化

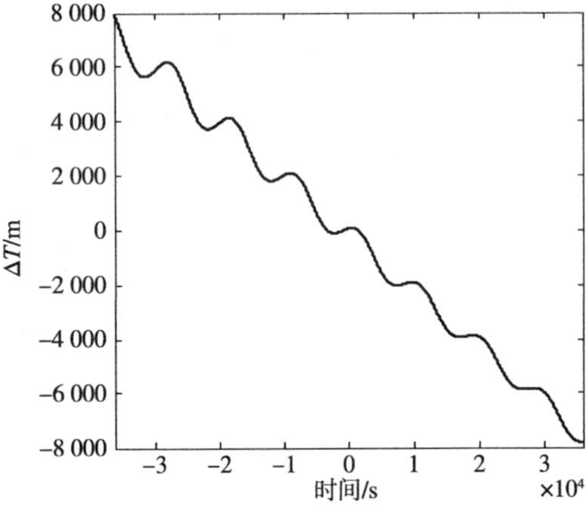

图 7-32　3 500 km 轨道高度目标综合变轨 T 变化

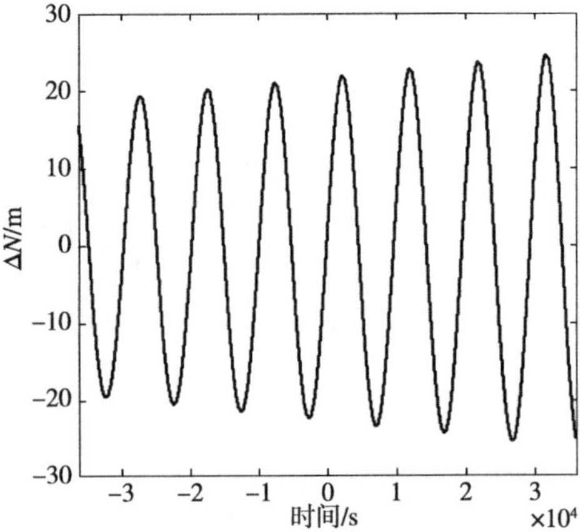

图 7-33　3 500 km 轨道高度目标综合变轨 N 变化

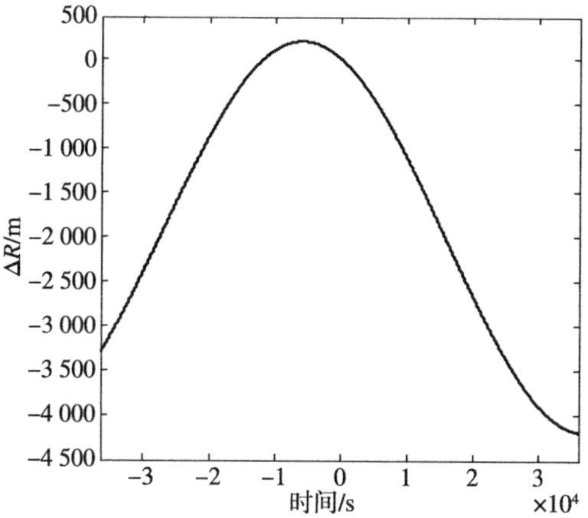

图 7 - 34　36 000 km 轨道高度目标综合变轨 R 变化

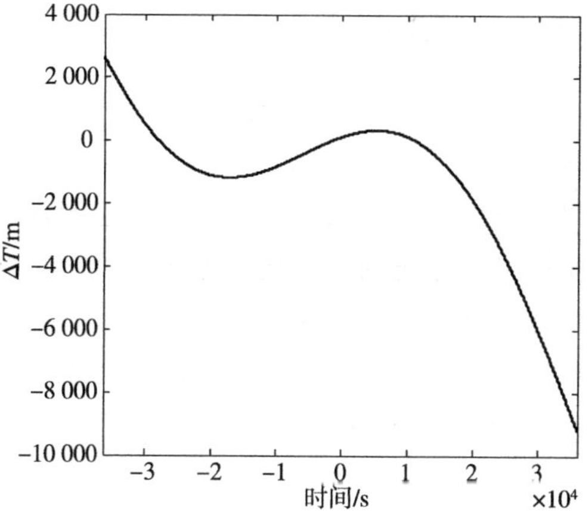

图 7 - 35　36 000 km 轨道高度目标综合变轨 T 变化

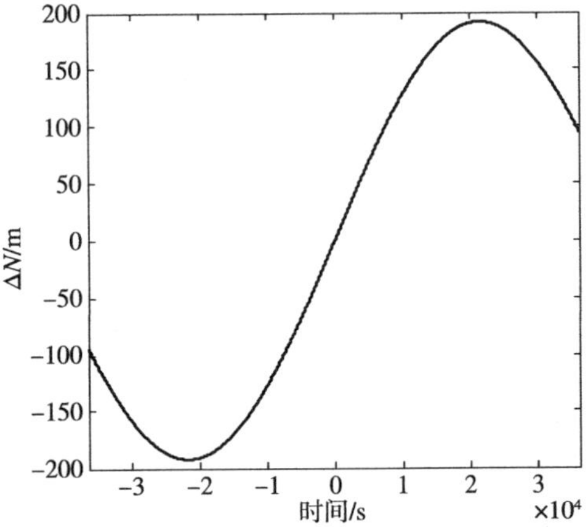

图 7-36　36 000 km 轨道高度目标综合变轨 N 变化

7.3.6　变轨检测分析

分别开展 3 类目标无变轨、沿迹变轨、法向变轨、综合变轨检测，$g_{\Delta a}$ 取 30 m，$\dot{z}_0$ 取 0.05 m/s，z_0 取 5 m。检测结果见表 7-2。由表可见，基于沿迹距离斜率分析与法向距离幅度分析的变轨检测方法，关于目标是否变轨的判断是准确的，能够有效判断空间目标变轨状态；变轨速度增量存在不确定性，轨道面的变轨存在两个方向的耦合速度增量，所以计算结果受到轨道预报误差影响。

表 7-2　空间目标变轨检测

序号	目标对象	仿真类型	检测结果	检测速度增量/(m/s)
1	目标 1	无变轨	无变轨	—
2	目标 2	无变轨	无变轨	—
3	目标 3	无变轨	无变轨	—
4	目标 1	沿迹变轨	变轨	(0.02,0.09,0.01)
5	目标 2	沿迹变轨	变轨	(0.01,0.09,0.01)
6	目标 3	沿迹变轨	变轨	(0.01,0.09,0.02)
7	目标 1	法向变轨	变轨	(0.02,0.01,0.09)
8	目标 2	法向变轨	变轨	(0.01,0.01,0.09)
9	目标 3	法向变轨	变轨	(0.02,0.01,0.09)
10	目标 1	综合变轨	变轨	(−0.07,0.06,0.01)
11	目标 2	综合变轨	变轨	(−0.06,0.07,0.01)
12	目标 3	综合变轨	变轨	(−0.07,0.07,0.01)

空间目标轨道变轨检测有利于空间目标稳定关联匹配。开展轨道面内、轨道面外变轨检测，有利于适应多样化变轨方式。针对空间目标变轨检测问题，标识观测弧段特征，进行观测弧段分类；观测数据与已知目标匹配成功时，进行已知目标变轨检测，基于已知目标关联数据计算目标间沿迹距离斜率与法向距离幅度进行变轨判断；观测数据与未知目标关联成功时，进行未知目标变轨检测，从库里目标筛选疑似目标计算目标间沿迹距离斜率与法向距离幅度进行变轨判断。采用相对距离、平均时间作为综合判据统计变轨参数，计算变轨时间、变轨速度增量，增强变轨参数估计准确性。利用低、中、

高轨目标无变轨、沿迹变轨、法向变轨、综合变轨仿真数据，设置检测门限进行变轨检测验证，结果表明，基于沿迹距离斜率分析与法向距离幅度分析的变轨检测方法，能够判别空间目标变轨状态，有效估算变轨速度增量。

参考文献

[1] 龚柏春，金鑫，张仁勇，等．基于相对角动量的空间非合作目标机动仅测角检测方法［J］．系统工程与电子技术，2023，45（3）：814－821.

[2] 王庆瑞，邹江威，吴文振，等．基于 Neyman－pearson 准则的空间目标轨道机动检测方法［J］．中国空间科学技术，2021，41（2）：96－103.

[3] 吴连大，贾沛璋．人造卫星变轨检测算法［J］．天文学报，2001，11（4）：414－419.

[4] 强胜，易东云，潘晓刚．基于天基观测的空间目标变轨识别算法研究［J］．系统仿真学报，2009，21（12）：3528－3531.

[5] 迟进梓，余红英，张子雄．一种小推力航天器变轨优化方法［J］．航天控制，2021，39（2）：3－10.